神经认知与设计

NEUROCOGNITION AND DESIGN

邵家瑜 朱文 陈丽 著

東華大學出版社·上海

图书在版编目（CIP）数据

神经认知与设计 / 邵家瑜, 朱文, 陈丽著. -- 上海: 东华大学出版社, 2021.1

ISBN 978-7-5669-1695-2

Ⅰ. ①神… Ⅱ. ①邵… ②朱… ③陈… Ⅲ. ①认知科学 Ⅳ. ①B842.1

中国版本图书馆CIP数据核字(2020)第212853号

责任编辑 谢 未
版式设计 赵 燕
封面设计 韩凤秋

神经认知与设计

著 者: 邵家瑜 朱 文 陈 丽
出 版: 东华大学出版社
（上海市延安西路1882号 邮政编码: 200051）
出版社网址: dhupress.dhu.edu.cn
天猫旗舰店: http://dhdx.tmall.com
营销中心: 021-62193056 62373056 62379558
印 刷: 当纳利（上海）信息技术有限公司
开 本: 889mm × 1194mm 1/32
印 张: 5.625
字 数: 180千字
版 次: 2021年1月第1版
印 次: 2021年1月第1次印刷
书 号: ISBN 978-7-5669-1695-2
定 价: 98.00元

前言
Preface

著名神经美学家萨缪尔·泽基认为“艺术即人类认知的表达”。印象派画家通过双眼观察自然界的瞬息万变，并将他们的发现用画笔和颜料记录下来，在雷诺阿和德加的画中都可以看到画家对于光影和色彩变化的精准理解。而立体画派则更进一步用头脑作画，表达出了画家的主观意愿。塞尚试图让一幅画可以同时表达多个视角，毕加索则进一步将实物重新进行了拆分组合后表现出来。这些画家的表达方式和人脑视觉认知的加工机制不谋而合。

科技的进步让许多难题一个个被攻破，但是我们对于人类大脑的认知仍旧处于初级阶段。我们研究并明确了大部分的感官认知机制，并且借由对这些机制的了解发明了人工智能，如今它已被广泛应用于人脸识别、语音识别、文字翻译等各个领域。《人类简史》和《未来简史》的作者尤瓦尔·赫拉利就预测，未来15 ~ 30年，将有超过50%以上的工作机会被人工智能（机器人）所替代。特别是那些单一重复性的工作最容易被替代，而那些需要更多创新性能力和协调能力的工作，则不容易被取代，而其中就可能包括以创意、创作为主的艺术设计。因为我们仍旧未能破解人脑中美和创意是如何而来的。

我们为何沉迷于美的事物？人类又是如何创造了美的事物？美的事物究竟给我们带来了什么？这些问题至今仍未完全得到解决。2019 年在与麻省总院和卡内基梅隆两所高校的交流中，我看到了医生、科学家、计算机专家和艺术家正在联合起来探索这个课题，也看到了用艺术治疗人类情绪问题，为人类创造更美好生活的各种可能性。希望此书的出版，可以让更多的设计师从新的角度理解美、理解设计，让艺术和科学碰撞出更闪亮的火花。

周斌

上海视觉艺术学院 校长

2019 年 12 月

目录
contents

目录
contents

目录
contents

目录
contents

目录
contents

目录

contents

目录
contents

序章

0.1 爱美的脑

常言道“爱美之心，人人有之”，或许改为“爱美之脑，人人有之”更为妥帖。以前人们普遍认为心脏是意识的发源地，埃及人在制作木乃伊时将心脏保留在体内，却把大脑从颅骨中剔除掉了，因为他们相信心脏才是情感和智慧的发源地；而大脑则被认为是一种热量调节器。公元 2 世纪，希腊医生盖伦（Galen）通过对大脑的解剖研究指出意识产生于大脑。

我们的大脑生来爱美，就连婴儿也更喜欢迷人的面孔。心理学家让婴儿看两张并列在一起的面孔，通过计算婴儿盯着每一张面孔的时间可以辨别出哪张脸更具吸引力。结果表明，只有几天大与 3 个月大的婴儿盯着（成年人认为）好看的脸看得更久 [1]。另一个实验让 12 个月大的婴儿玩长相相似的洋娃娃，结果发现婴儿玩漂亮洋娃娃的时间比不漂亮的多一倍 [2]。婴儿对面孔的反应与种族、性别和文化背景都没有关系，可见人类的大脑天生就喜欢与美为伴。我们爱看美的绘画，听美的音乐，闻美的味道，吃美味的食物，触摸美的事物，这些都源于我们那颗爱美的大脑。当感受到美时，大脑的“犒赏系统”就会被激活，于是我们感受到了快乐。

0.2 初识大脑

人脑的重量虽然只有约 1.2 ~ 1.4 千克，却给予了人类无穷的智慧和创造力。人脑在人体中的物理位置和它的绝对统治地位非常相符。对于人脑下达的各种指令，体内哪怕一个微小的细胞也得服从。所以，人脑虽然只占我们体重的 2% 左右，却要占用我们全身 20% 左右的血液及 25% 左右的能量。这样一个霸气的器官，被悬浮在脑脊液中并被颅骨保卫着。从我们的肉眼来看，人脑的外表十分柔软，一个正常的脑，质地就像一大碗奶酪，并随着年龄的增加而产生萎缩。

如果我们能观察一个人一生的脑部发展情况，会发现人脑和其他器官一样，都经历着从成长到衰竭的宿命。在 1978 年，就有研究者对不同年龄段人的脑重量做了测量统计，得到图 0.1。

通过图中数据，我们可以观察到，人脑在儿童时期飞速生长，少年时期缓慢生长，到 20 岁时质量达到顶峰，这样的鼎盛状态大约会维持 5 年左右。因此，在有些西方法庭上，为青少年嫌犯开脱辩护的理由之一就是：他们的脑部还没有

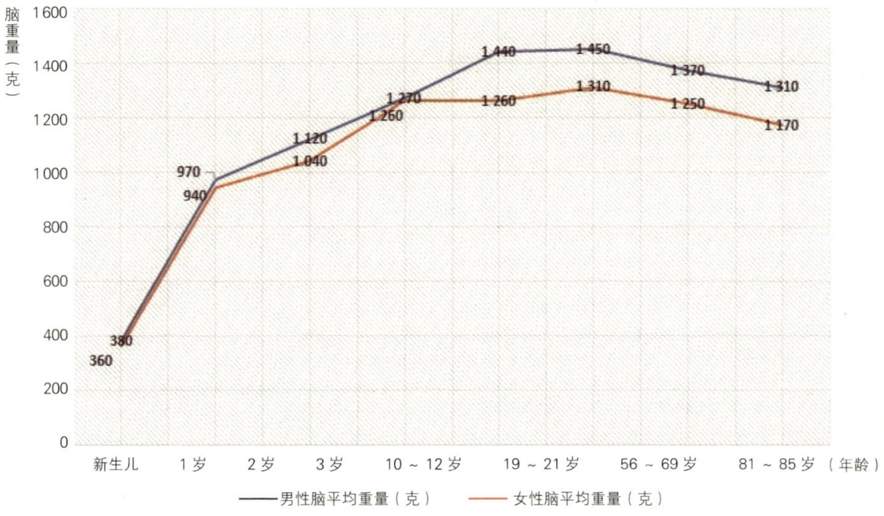

图 0.1 0~85 岁男性和女性脑平均重量变化

发育完成，所以无法完全对自己的行为负责。一般过了 25 岁以后，人脑就无可避免地开始走下坡路，老化现象逐渐出现，比如开始健忘、动作灵敏度下降等，这些都属于正常的老化。而像我们熟悉的老年痴呆症和帕金森病则属于人脑因衰老而发生的病症，和其他大部分脑部疾病一样，现代医学目前对此尚未有很好的解决办法。

0.3 人脑的结构

由于脑在人体器官中的重要性，这位“统帅”平时都被包裹得严严实实，打开颅骨，移除脑膜后我们得以一窥真容。他的外形就好像一颗核桃，有左右对称的两个半球（图 0.2），中间通过发源于皮质神经元并横穿胼胝体的轴突连接。

从进化的角度看，我们可以粗略地把人脑分为三层：爬行脑、哺乳脑和人脑（图 0.3）。

0.3.1 爬行脑

爬行脑约在 5 亿年前形成，包括了小脑和脑干。小脑调节人类的各种运动和身体协调性，所以如果它受到酒精的作用，我们走路就会东倒西歪。看起来细细长长的脑干则是永不停歇的工作者，我们的呼吸、心跳和睡眠都由脑干控制着，这位默默无闻的“劳模”堪称工作典范，有了它我们就不需要“分神”去管理这些人体基本功能的运作，以便我们更好地思考和决策。如果脑干罢工，后果将是灾难性的。

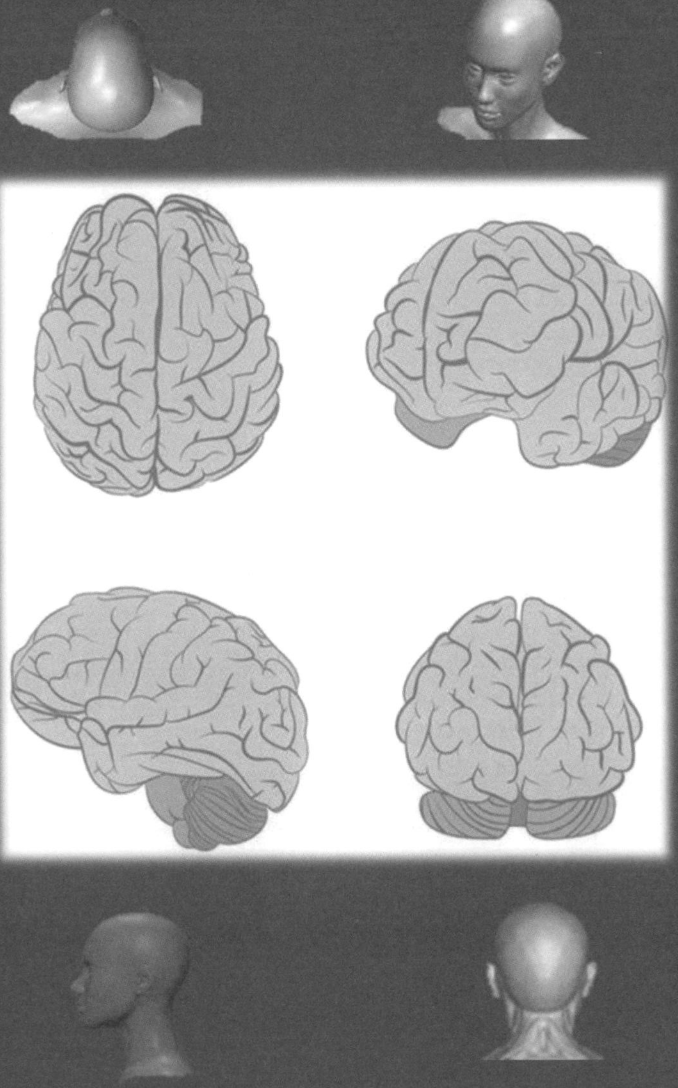

图 0.2 人脑四视图

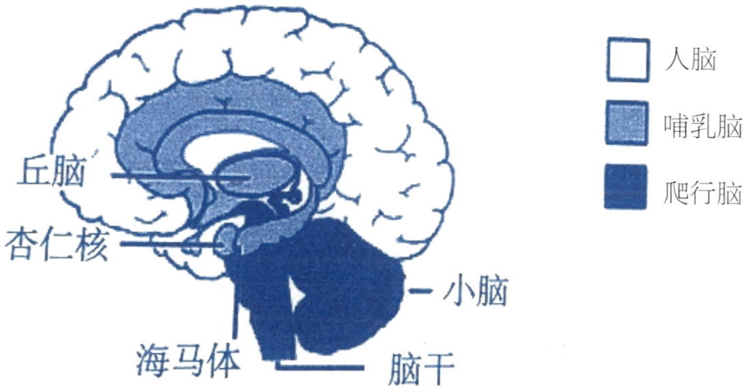

图 0.3 人脑的三个分层

脑干包含三个部分：中脑、脑桥和延髓。中脑担负着大脑与小脑间的联络传输工作，其最主要的工作是负责眼睛的运动，也参与视觉与听觉信息的处理；脑桥传递大脑与小脑的信息，12 对脑神经中有 5 对的终点在脑桥；延髓长度大约为 3 厘米，从名字上就可以看出，它是脊髓向脑部的延展部分，脑部向身体的各种指令都必须经过延髓才能到达脊髓，它控制了身体发出很多不自觉的生理功能，如呼吸、打喷嚏和吞咽等。不少全身麻醉的药品都通过减少延髓处理脑部指令，使心跳减缓，呼吸放慢，肌肉放松，身体失去知觉，这也是为什么过量使用麻醉剂会导致死亡的原因。

0.3.2 哺乳脑

哺乳脑形成于约 2.5 亿年前，也被称为边缘系统。边缘系统管人类最原始的欲望：斗、逃、食、色。边缘系统掌管着人类的情绪，我们常常听说的杏仁核和海马体就属于边缘系统。杏仁核被认为是与恐惧密切相关的，杏仁核受伤的猴子会对本应发生恐惧反应的物体不产生回避行为，而双侧杏仁核萎缩的病人则无法理解恐惧。杏仁核后面有一个 3 ～ 4 厘米的弯弯的结构，因为形状酷似海马，因此被称为海马体。海马体对记忆和空间定位都非常重要。我们常常被劝戒要做自己情绪的主人，恰恰是因为情绪有时很难被控制。减肥时如何克制吃甜品的冲动，攀岩时如何克服对于高度的恐惧，生活中我们多多少少都经历过和自己的战斗，要克服这些欲望，我们需要非常强大的理智，而这则需要依靠下面将要介绍的一个进化的产物——人脑。

0.3.3 人脑

人类人脑形成于约 20 万年前，是继爬行脑、哺乳脑后发展出来的新皮层，通常我们也称为大脑。大脑是我们智慧和决策的中心，社会规范、伦理道德、审美和创造的出现都和这个新进化出的大脑有关。

大脑的体积非常大，上面有几道非常明显的沟壑，其中最明显的一条纵向的皱褶，将大脑分为了左脑和右脑。每半侧脑又有几条沟壑（图 0.4 中虚线），被分为额叶、顶叶、枕叶和颞叶，具体功能如图 0.4 所示。

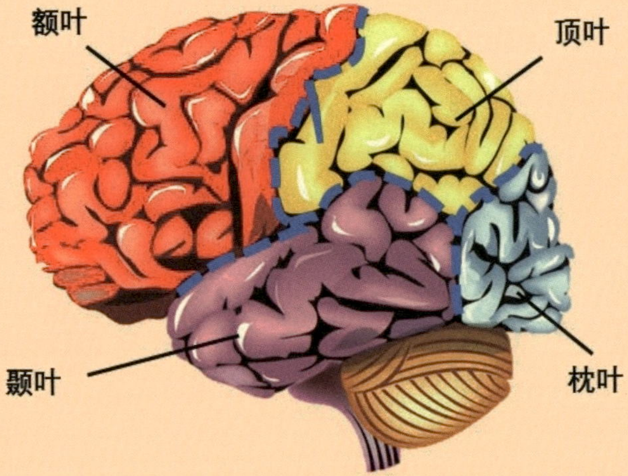

额叶	负责有意识的动作、动机；感官里的嗅觉及情绪
顶叶	感觉接受和处理中心
枕叶	视觉处理中心
颞叶	嗅觉与听觉的处理中心，亦主管记忆

图 0.4 大脑分区

在此，要特别提到额叶，因为它负责人类的高级认知功能：决策、判断和自我控制。那么额叶如果受到伤害会有怎样的后果呢？在这里不得不提到一个叫盖奇（Gage）的人，他短暂却传奇的故事拉开了神经认知科学家发起人类认知探索的帷幕。

在 1848 年 9 月之前，盖奇是一名默默无闻、生性老实的铁路工人，那天他正在为铺路而炸开石头，却失手将手上的一根长铁棍扎穿了自己的头。意外发生后，盖奇奇迹般地醒了过来，甚至还走着去了医生那里，之后他恢复了生活和工作，只是性情大变。从以前的老实人变成了粗野酗酒的人，他对事情缺乏耐心，既顽固、任性，又反复无常、优柔寡断。他的朋友都感觉盖奇像变了一个人。这位原来踌躇满志的盖奇先生最终变得穷困潦倒，37 岁时死于癫痫，他的头骨被陈列在美国的博物馆中，成为医学史上最著名的头骨（图 0.5）。通过扫描后可以发现当时的这根铁棍伤及了盖奇的额叶，这或许可以解释为什么盖奇失去了规划未来的能力、服从社会规范的能力，以及做出对自身生存有利决策的能力。

在著名影片《飞越疯人院》及《禁闭岛》中都提到过额叶切除术曾在 20 世纪 30 年代风靡一时，这种手术被用于治疗精神类疾病或者癫痫，甚至还获得了诺贝尔医学奖。由于手术创伤小，对智力和记忆基本不造成损害，有不少深受折磨的病人接受了这类手术。额叶切除术主要损毁的地方是前额叶，然而术后一段时间，这些病人注意力涣散、道德水准下降，失去了大部分原有的性格且做事缺乏计划性，活得如同行尸走肉一般。如今，这样的手术已基本消失，治疗同类的情绪性的心理病症也基本由药物治疗替代了。滥用前额叶切除术为病人及其家属带来了惨痛的代价，也证明了原先被忽视的额叶恰恰是大脑司令部中的“司令”，在注意 、情绪、计划和决策中起着重要的作用。

图 0.5 盖奇照片
手中握着的是事故中插入他头部的铁棒

视觉

1.1 视觉系统的基本组成

视觉是人类获取外界信息的主要手段，人类获得的信息超过 70% 是通过视觉获得的。“眼见为实”“眼睛是心灵的窗户”“眼不见心不烦”等耳熟能详的俗语也说明了视觉对于人类感知外部世界的重要性。消费者行为学研究中与信息加工有关的信息刺激绝大多数是通过视觉传达的，如广告图片、产品属性文字、用于激发情绪或启动思维方式的阅读材料等。

视知觉领域的心理学研究表明，人类视觉对知觉对象的空间特征（如长度、形状或方向）和颜色是最早知觉的，在有意识的注意发生之前，人类已经开始无意识地处理这些物理特征。视知觉学习研究表明，个体对形状、朝向等视觉特征存在无须意识参与的内隐学习。

视觉系统在人类探求、认知客观外在世界及主观内在心理的过程中扮演着重要角色。视觉系统是人类获取外界信息的主要途径，统计科学研究表明超过 70% 的外界信息通过人眼获得。同时视觉神经系统能快速、有效地解读及分析所采集的信息，从而使人类认知外界事物。因此研究和分析人类视觉系统的组成及其所具有的视觉特性具有重要的理论及实际意义。本节介绍人类视觉的基本组成，以及其在信息采集过程中的视觉关注特性和信息处理时的视觉感知特性。

人类视觉系统主要由人眼和视觉中枢神经系统组成。人眼如同一台复杂的生物相机设备，采集周围光刺激，然后经过一系列的处理将可见光转化为可被神经传递的信息。随后，视觉中枢神经系统对接受的信息进行响应和处理，如信息的分析、解读、存储等。通过视觉系统，人类对世界进行全方位的三维感知。

1.1.1 眼睛如何“看”

（1）眼球

人类视觉系统对视觉信息的处理始于眼球。眼球生理结构示意图如图 1.1 所示，主要由角膜、虹膜、晶状体及视网膜组成。角膜位于眼睛的前方并向前凸起，具有聚光的作用。虹膜位于晶状体前方，其中央区域为瞳孔，虹膜可通过调节瞳孔直径来控制进入人眼的光通量。晶状体相当于一个可变焦的透镜，通过调整晶状体的形状改变聚焦情况。

（2）视网膜

视网膜位于眼球壁的最里层厚度与邮票厚差不多，薄薄的视网膜分为两层，一层为神经层，一层为色素层。色素层

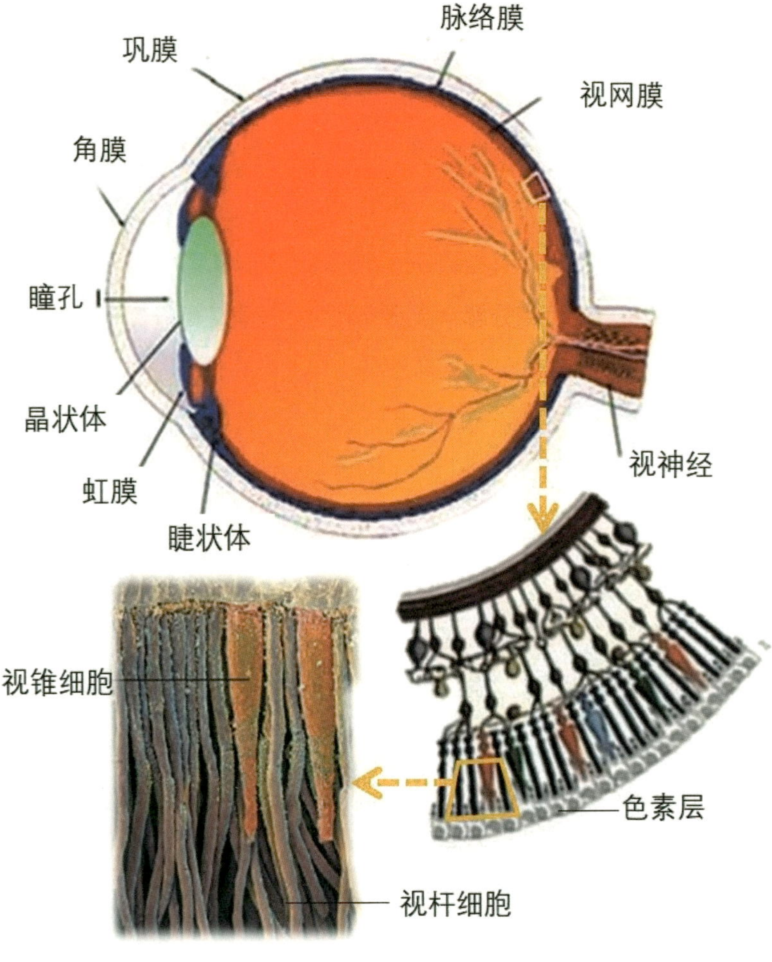

图 1.1 眼球生理结构示意图

只有一层细胞，因为这些细胞含有使我们皮肤变黑的黑色素，因此得名。色素层负责吸收光线，同时也防止光线散射。这就是为什么体内缺乏黑色素的白化病人，由于色素层没有这此黑色素帮助集中收集光线，所以视力比较弱。

神经层里分布数了百万感光细胞（Photoreceptor），每一个感光细胞都含有光敏分子，或称感光色素，当他们暴露在光线下时会发生分解，从而改变细胞周围的电流流动，并进一步发出下游神经元的动作电位，这样感光细胞就可以把外界的光刺激转化为大脑可以理解的内部神经信号。

感光细胞根据各自的长相，分为视锥细胞（Rod）和视杆细胞（Cone）。视锥细胞顾名思义有着锥形的外形，他们是颜色视觉的基础，不同视锥细胞里的感光色素对不同可见光波长的敏感度不同，通常可以分为红、绿、蓝三种。视锥细胞可以快速生成光感色素；视杆细胞对光线的要求不高，所以我们的夜视力和在微弱光线下的视力就全依靠它们了。但是视杆细胞补充感光色素却需要一段时间，所以当我们在晚上关灯后需要过一会才能勉强靠窗外透进的月光看清眼前的东西。

视锥细胞和视杆细胞并不是均匀分布的，视锥细胞集中在视网膜的黄斑区内，也就是我们看东西的焦点，负责处理颜色；视杆细胞散落在视网膜其他地方，虽然不在黄斑区，但广泛分布在视网膜上，负责处理亮度。由于这样的分布特点，我们在用眼睛看时，会发现周边的问题看起来比较模糊，颜色也没有那么鲜艳。

在观察客观物体时，光线通过角膜、虹膜和晶状体，投影到眼球后方的视网膜的中心凹区及其周围。然后，视网膜上的感光细胞受到这些强度不同的光信号刺激后产生强度不同的生物电信号。这些电信号将由视神经传递到大脑的视觉中枢做进一步处理。这也是现在我们为盲人装人工电子眼所运用的机理。当然在整个光谱中，人眼能见的只有非常窄的一小段（图 1.2）。

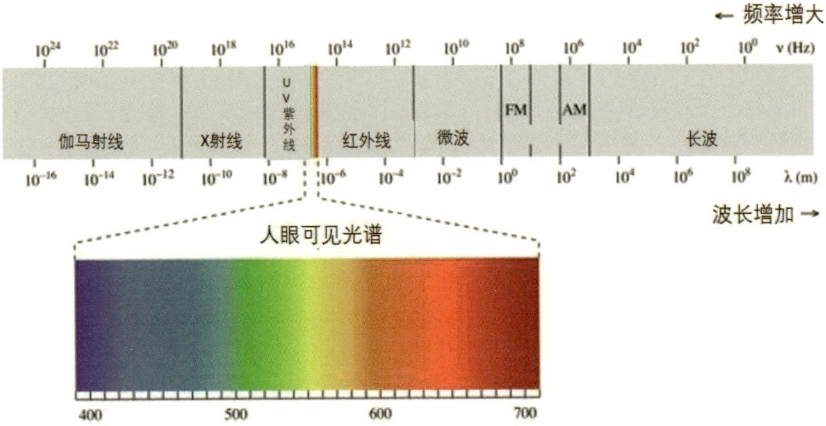

图 1.2 人眼可见光谱

1.1.2 大脑如何“见”

视网膜有 1 亿左右的光线接受器，但只有不到 1% 的信号被输入脑部。这些被选择的信息再经由大脑分析加工，形成了我们看到的各种色彩的图像，甚至还可以是带着各种特效的。比如一幅普通的二维图映射到我们脑部成了三维的动图。那么我们的大脑是如何处理眼球传输来的信息呢？

（1）信息中转站——外侧膝状体（LGN）

视觉中枢神经系统对视网膜所传递的视觉信号进行处理，主要通道包含外侧膝体（以下称 LGN）和初级视觉皮层（以下称 V1），如图 1.3 所示。LGN 是视网膜神经节细胞将轴突从眼球延伸到丘脑的一个结构，左右各有一个。LGN 与大部分视网膜的节细胞轴突触相连，接受来自视网膜的电信号；同时 LGN 与视皮层相连，接受来自视皮层的反馈信息。因此，LGN 在视觉信息处理中起到中转站作用，对来自视网膜的电信号进行一定的控制与处理，然后传递给视皮层。

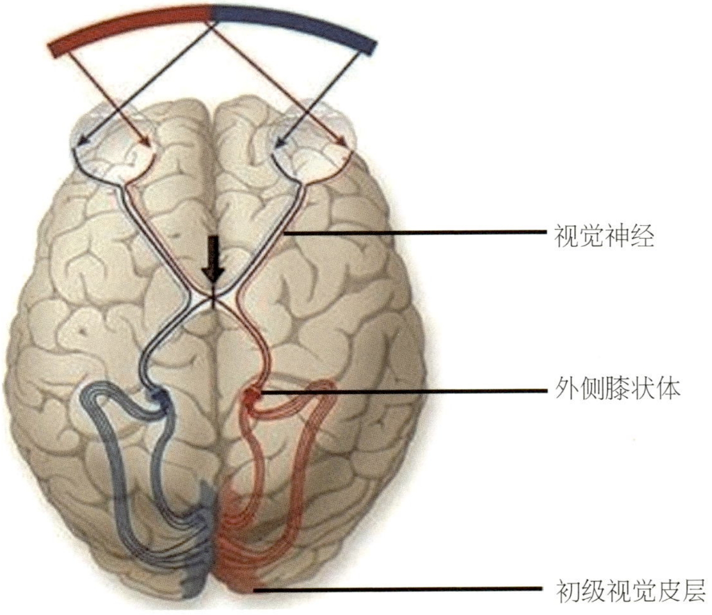

图 1.3 视觉信息通路

（2）视觉情报分析局——初级视觉皮层（V1）

初级视觉皮层，亦称纹状皮层首先接收来自 LGN 的视觉信息并提取特征，V1 的神经元对整体视觉特征敏感，最重要的视觉特征就是朝向；其次，V1 也对运动朝向及特殊的颜色或色差反应敏感；最后 V1 对双眼视差反应敏感，双眼视差反映的是两眼看到图像的细微位移，它可以让我们在观看时感知到立体的深度。

（3）“是什么”和“在哪里”通路

V1 区发送信息到更高级的视觉区域，在这一过程中，大脑将视觉世界被拆分的碎片进行还原，形成连贯的视觉体验。需要注意的是：大脑不同区域分工协作，处理了不同的任务。比如：棱形脸部区（Fusiform Face Area,FFA）负责处理面孔信息；海马旁位置（Parahippocampal Place Area,PPA）负责处理自然与人造环境中的位置信息；侧枕叶复合区（Lateral Occipital Complex,LOC）负责处理一般对象；颞中区域（Middle Temporal,MT）负责运动感知，颞上沟（Superior Temporal Sulcus,STS）负责处理移动的身体或生物运动。

从 V1 皮层到更高级区域的投射兵分两路，一路称为腹侧通路，专门负责物体的知觉和识别，这条通路包括了腹侧纹区外区域（V2、V3 和 V4）、LOC 及 IT 区，决定我们看到的是什么，“是什么”通路对于加工物体的颜色、形状或特性等视觉信息非常重要；另一路称为背侧通路，分析场景中不同物体的空间结构，这条通路包括了颞中区域和顶叶，决定物体在哪里，“在哪里”通路对表征物体位置很重要。

我们想象一个简单的动作，如果你想要拿起面前的茶杯，就需要用到这两条通路。“是什么”通路帮助我们识别杯子，把杯子和碗、茶壶及桌子区分开来，同时，“在哪里”通路帮助我们了解杯子所在的位置、大小和朝向等精准信息。最后要说明的是背侧－腹侧通路的划分并不是绝对的，在两条通路之间存在着很多信息交换。

1.2 出错了会怎样

1.2.1“卡碟”的世界

我们已经习惯流畅运转的世界，但是，对于颞中区域受损的病人来说，世界就是一系列静止的图片，就好像不断卡顿却又在艰难运行的影碟，这让很多看似平常的事情变得异常艰难。比如说过马路，前一秒你只是看到一辆车在远处，在你迈开腿的下一秒这辆车就已经在你跟前了。再比如说往杯子里倒果汁，由于不能判断液面上升的速度，进而无法判断果汁什么时候会溢出杯子。颞中区域受损的病人无法感知运动，“速度”从他们的世界中消失了。

1.2.2 错把妻子当帽子

Oliver Sacks 曾经在他的书中介绍过这样一个病例，病人虽然视力正常，能够对所看到的物体进行描述，但是却无法准确进行辨认，当医生问他衬衫领子上的玫瑰花图案时，他的描述是“盘绕的红色造型，配有一个直线绿色附属物”，而当他想从大衣架上取帽子的时候，却意外地用手去够他妻子的头，把妻子当成了帽子。这是视觉失认的一种——联合失认，通常源于腹侧颞叶皮层的损伤，这处脑区的损伤带来的通常结果就是病人无法对物品进行识别，特别是针对某一类物品。再如“脸盲”患者或称面孔失认症患者，他们无法再认出亲密的家人或者朋友，甚至一些人无法认出镜子中的自己，只能依赖声音或者着装线索进行判断。“脸盲”患者往往在双侧外部枕叶皮层及梭状面孔识别区存在损伤。当然，有一点需要说明的是我们辨识倒置面孔的能力相较于辨认正立面孔的能力要差很多。看看 1.4 图，你能看出有什么奇怪的地方吗？

翻过来看一眼你就会立刻明白。

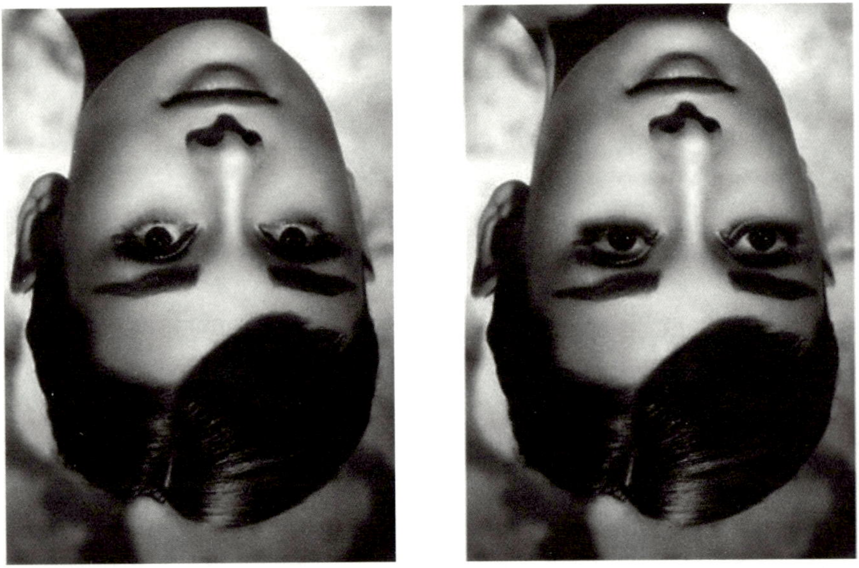

图 1.4 反转的面孔

1.3 神经科学中关于视觉的探讨

1.3.1 眼见不为实

视觉通路是如此地精细和巧妙，将我们看到的信息拆分后再次进行整合，然而，我们看到的就一定是真实的世界吗？这很难说。

不同动物由于视觉系统的差别（比如感光细胞的多少和种类）还原出来的世界是不一样的。比如鸟类和大多数爬行动物的眼睛里有 4 种感光细胞，它们比人类多一种紫外线感光细胞，因此它们是四色视觉，看出来的世界自然更加绚丽多彩，因此我们看到的世界是大脑对于视觉世界的一种解释。图 1.5 展示了不同动物眼中的世界。

人类大脑的信息处理是有限的，我们的大脑在维持现有的呼吸、心跳等基本生理功能的同时，还要面对纷繁变化的世界，如果滴水不漏地进行信息传输，大脑就会荷载过度，随时可能面临崩溃或者“死机”，所以大脑也会“偷懒”，即对有限的输入信息进行重新构建和解释。

“研表究明，当我们在进行阅读时，文字的序顺不一定能影响我们的理解，当你看完这句话后，才发这现里的字全是被打乱的。”

图 1.5 不同动物眼中的世界

请相信，当我在 Word 里编辑上面这段文字时，下面出现红色的下划曲线。是的，电脑程序对这段文字进行了报错，它无法理解这段话的意思，但是我们人类却可以通畅地读懂这段话，这是因为大脑在阅读时走了捷径——跳过无关紧要的连接词或者填充词，从而提高阅读效率。

同样地，夕阳西下时，当光线照射到眼前的树叶上时，虽然我们看到树叶上反射的红色光芒，但大脑仍会通过形状、位置及经验信息告诉我们树叶是绿色的。

大脑有时也会决定我们看到什么。哈佛大学的两位心理学家曾经做过一个非常经典的实验。他们让被试者观看一段录像，录像中参与实验的一组人员穿白色服装，另一组则穿黑色服装。两组人员各用一个篮球进行传球练习，被试者需

图 1.6 人群中的大猩猩

要在观看录像后数出传球的次数。45 秒钟后，一个打扮成黑猩猩的人从画面中走过，整个过程持续了 5 秒钟。但 56% 的参与者居然没有察觉到“黑猩猩”的出现（图 1.6）。在另一段录像中，那只“黑猩猩”还对着镜头，捶击胸部，然后走出画面，这个过程有 9 秒钟，但依然只有一半人注意到了这位庞大的干扰者。“人群中的大猩猩”实验告诉我们，人类其实很难注意到周围发生的事。当尝试紧盯着书本或者电脑屏幕时，我们就很难看清或者注意到周遭的细节。更极端的案例是，如果我们长时间凝视一个标记点，那么周围的视野就会逐渐消退（暂时性失明），但是如果眨下眼睛这种现象就会消失，这种视觉消退的神经机制目前尚不明确。

1.3.2“脑补”出的稳定世界

既然眼睛可以聚焦和看清的范围非常有限，那么我们是怎样观察周围的环境的呢？原来我们的眼球几乎每 120~130 毫秒都会进行一次同步快速跳动，跳动时间约为 30~70 毫秒，眼跳帮助大脑瞄准某个点。通过不断地切换注视点，我们可以观察周遭的情况。

但是，新的问题产生了：如果你拿着一台摄像机，不断地调整角度，改变聚焦甚至只是晃动一下，都会让观者视野模糊，头晕目眩——我们如此频繁地眼跳为什么不会让人感到眩晕呢？

回答这个问题之前，我们不妨先做一个小实验。拿一面化妆镜，首先注视左眼，然后注视右眼，如此循环交替，你能发现自己双眼的运动吗？请你的同伴在镜子的对侧观察，问问他看到了什么？

答案是你无法观察到自己眼球的运动，但是你的同伴却可以。所谓不识庐山真面目，只缘生在此山中——我们的大脑无法觉察到自己眼球的跳动，那是因为一旦眼球开始跳动，大脑的某些视觉功能就会被遏制，直到眼球停下，大脑在眼球跳动时可能“脑补”了一些情景，用来进行眼跳前后图像的整合，这样做的好处是虽然眼球通过跳动来调整注视点和焦距，我们却不会出现观看快速抖动的影像时那样眩晕，呈现在我们眼前的仍旧是一个非常稳定的世界。

1.3.3 双眼竞争：到底听谁的

在开始这一小节前，我们先来做一个小游戏，请按照图 1.7 将一张纸卷成纸筒状，一手拿着纸筒，对准同侧的眼睛，

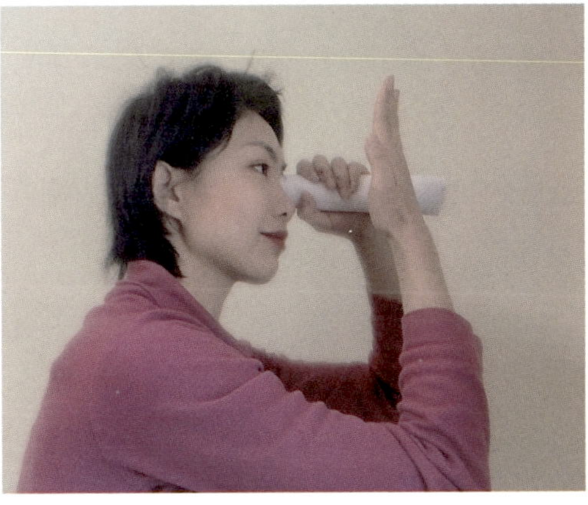

图 1.7 双眼竞争

另一只手摊开手掌，离开头部一定的距离，同时睁开双眼，放眼看向前方，你会看到有意思的一幕，手掌上时而会重叠出圆筒中看到的景象，感觉手掌像缺了一块，时而你看到的又是完整的手掌，两种景象就这样来回交替着。这并不是什么魔术，而是双眼竞争中非常容易观察到的现象。

双眼竞争是指：当两眼视网膜所对应位置呈现的图像不一致时，我们的视知觉会在两只眼睛的图像之间随机地切换，我们一侧眼睛看到的是纸筒中的图像，一侧眼睛看到的是我们的手掌，就这样两只眼睛都积极地向大脑汇报所见，就好像两个好胜的孩子，但是由于看到的景色不一致，一个告诉大脑该看左边，一个告诉大脑该看右边，在这个实验中你可以清楚地感受到左右脑是如何企图说服大脑应该注意到哪边。在双眼竞争范式下，视觉意识可以在恒定的视觉输入下产生巨大的变化，那么所观察到的大脑中的信号变化也就可能和意识更相关。目前已有部分实验数据证实不同亚型精神疾病患者（抑郁）对于双稳态图形知觉的切换速度有较显著差异。

1.4 视觉审美

1.4.1 视觉审美和文化

人对于美的向往是与生俱来的，有研究指出，小婴儿和长相漂亮娃娃玩耍的时间要比和长相一般的娃娃长。即使我们没有特意思考美，当我们看到美丽的脸孔或者风景时，大脑也会产生反应。美的事物激活了大脑的犒赏系统，让我们感觉愉快。从某种意义上可以说大脑确实是“外貌协会”的资深会员，看到美丽的人或物时我们就会驻足许久。正如柏拉图的美学思想认为“真、善、美”是统一的，大部分人也常常认为有吸引力的人应该也具备美好的品质，人们赋予了美更多正面的意义。在好莱坞大片里面，英雄人物或英俊帅气或优雅迷人，而那些反派人物则或佝偻着背或脸上有丑陋的刀疤。虽然说人不可貌相，但是迷人的外表确实会产生很多意想不到的效果。《社会心理学》期刊曾发表过一篇关于儿童外表和教师期待关系的研究，这项研究让教师填写附有学生照片的成绩单，需要教师在成绩、学习态度及出勤率等方面进行评价。Kenealy 等人发现，教师对于那些长得好看的学生赋予更聪明、更合群、更受欢迎的期待，在非标准化测试中，他们会给外表有吸引力的学生更好的成绩。

美的体验虽然具有普适性，但是不同文化对于美的理解是不同的。男人认为腰臀比为 0.7 的女人特别具有吸引力，这是一条普适原则，但是受到文化等影响，在一些经济不发达地区，男人偏好体格大的女人，在经济发达地区男人则偏好瘦小的女人。当然，不管胖瘦，0.7 腰臀比是共同的喜好。英国一家公司做了一个测试，让来自 18 个国家的平面设计师用 Photoshop 软件对同一张照片进行修图，以对比不同国家的审美标准，从中可以看到各国对于美的理解差异（图 1.8）。

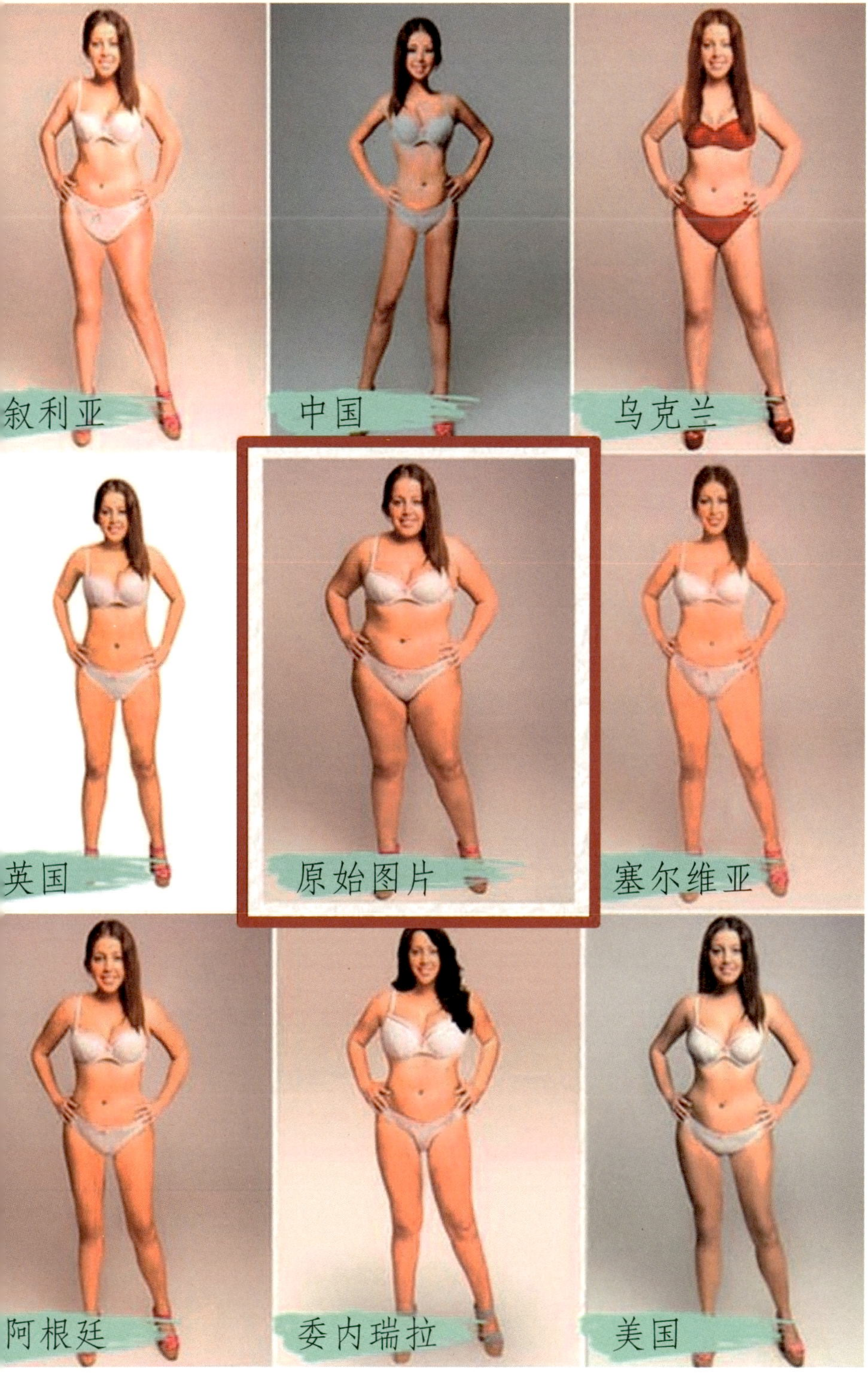

图 1.8 不同国家的审美

1.4.2 视错：大脑的“魔术”

前面提到，在眼睛接收到信息后，大脑会对这些信息进行处理和反馈，但是人脑对信息进行的加工并不是线性的。例如，眼球的构造导致视觉上会出现盲点，这一盲点位于视网膜的后部，上面没有光感受器，按照这个逻辑，我们看到所有景象的中间都会有个黑洞，但实际却并不是这么回事，这是因为大脑对盲区进行了知觉填入——利用周围图像的信息“脑补”出了盲点的图像。

大脑可以对色彩和图案进行填充，同时也能对运动信息进行填充。大脑的这种加工特性可以构成各种视错觉。你是否看得到像图 1.9 中心的三角形？这个形状本是不存在，但是通过大脑的填充，我们看到了白色的三角形。再来看图 1.11，请盯着左边红色的圆点约 30 秒钟，然后再看右边灰色的圆点，你是否看到了淡淡的青色？这就是红色的补色。图 1.10 虽然是静态图形，但是却产生了让人眩晕的动态效果。

很多设计利用的就是视错原理，达到所需要传递的设计效果。

图 1.9 大脑对于形状和颜色的填充

图 1.10 大脑对于运动的填充

（1）更“短”的距离——距离偏差

我们都习惯两点之间直线最短，试看图 1.11，如果你赶着结账，你会选择排 A 队还是 B 队呢？沿着三角形的边线从 C 点到 E 点近还是到 D 点近呢？

直线距离最短似乎是根深蒂固在我们脑中的概念，所以在生活中我们经常会错误地判断距离。记得我曾经去上海迪士尼的时候就深刻地感受到了这一点，看似离入口好像也就三五米的距离，因为队伍是按折线行进的，通行时长要半小时以上。所以，乍一看，B 队比较短，从 C 到 E 会更近一些，但仔细再研究一下发现两者其实是一样的。

这样的直接距离偏差现应用在很多商场的收银动线中，促使顾客愿意加入到排队的大军中，更有利于秩序的维护。另外在很多房地产的宣传中也会标注距离商业中心或者地标建筑的直线距离，让人感觉所处的方位非常便捷。

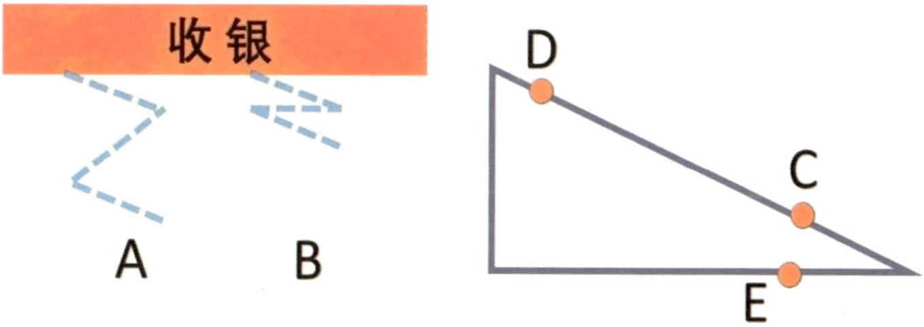

图 1.11 直线与折线距离

（2）更“大”的尺寸，更“足”的分量——形状偏差

相较于宽度，大脑往往会高估高度。曾有实验让人评价两款杯子里容量哪个更多，一个是高瘦型的，一个是矮胖型的，大部分人认为高瘦型的杯子容量较大，但其实两者容量是一样的。对于量贩商品来说，更大的尺寸意味着更好的性价比，因此往往会选用大口径细腰身的杯型或者瘦长型的包装。

请比较图 1.12 中的两款披萨，你觉得哪一块会比较大？

图 1.12 披萨的大小

对于同样面积的披萨，消费者大多会认为方形的比圆形的大。这些形状偏差的出现是因为人们并不能准确有效地计算空间长度与面积体积之间的关系，而是更多地以视觉捕捉到的突出长度值为面积或体积的估计值。

类似的形状偏差不只会影响人们对具体物理量值的估计，还会影响人的抽象判断和评价。形状对比的认知偏差甚至会影响消费者的实际消费行为，例如盘子的大小会影响人们的进食量，食物装在大盘子中的时候，人们会不自觉地吃得更多。

1.5 视觉认知与设计

1.5.1 色彩认知

是深色的饮料甜还是浅色的饮料甜呢？你觉得橘子汁该是什么颜色？如果换成了红色，你还尝得出这是橘子汁吗？1988 年，H.A. 罗斯博士做过一个关于食物和颜色的试验。他在几杯透明的饮料中加入了不同深度的颜色，然后让被试者说出哪一杯饮料的味道最甜。几百名学生参与了这项测试，大部分学生认为颜色越深的饮料味道越甜。但实际给出的样本正好相反：颜色越深，饮料越酸。另一个实验让被试者分辨葡萄汁、柠檬汁、樱桃汁和橙汁。在颜色匹配的条件下，被试者都能正确地说出饮料的名称。但是，当饮料的颜色被打乱以后，只有 30% 的人在喝过樱桃汁之后能准确分辨出来。实际上，还有 40% 的人认为樱桃汁是柠檬汁[3]。由此可见，视觉认知对于其他感知和判断的影响。

视觉色彩是我们感知世界最重要的手段之一，它最容易打动人心。成功的品牌或者产品往往都离不开自己“独有的”色彩。例如 Christian Louboutin 的红色鞋底，蒂凡尼珠宝的蒂凡尼蓝色，爱马仕的经典橘红色，可口可乐的红白包装等。色彩不仅能够帮助企业提高竞争力，更能在集团内部各个公司之间起到统一的效用。

色彩是日常生活中无所不在的感官刺激，色彩心理学的相关研究已经证实，颜色承载着意义，并对人们的情感、认知和行为有着重要影响。色彩是通过眼、脑和我们的生活经验所产生的一种对光的视觉效应，人对色彩的感觉不仅仅由光的物理性质所决定。

（1）色彩与情绪

色彩的色相、明度、纯度与人的情绪都有关系，它对人的生理有更直接的影响，其中以色相和纯度的影响最大。色相对情绪有很大影响。一般来说，人在暖色调的环境下易兴奋，在冷色调的环境下易安静。暖色调容易让人联想到火一类热烈的事物，让人情绪振奋；冷色调让人联想到冰冷的事物，人的高涨的情绪会冷静下来。这是联想使情绪发生的变化。实验室中，尽管受试者被蒙住双眼，但在红光照射一段时间后，他的血压会升高，脉搏跳动加快，呼吸急促，出现出汗等皮肤效应，脑波频率也有变化，生理上的变化犹如人在激动时的身体状态一样；蓝色光照射时出现的生理变化与红光正相反，血压下降，脉搏跳动减缓，呼吸变慢，与人在情绪平静时的身体状态相似。所以人的情绪在暖色调的环境中易兴奋，在冷色调的环境中易平静。不同色相给人的色彩感受如图 1.13 所示。

色相	色彩感受
红色	血气、热情、主动、节庆、愤怒
橙色	欢乐、信任、活力、新鲜、秋天
黄色	温暖、透明、快乐、希望、智慧、辉煌
绿色	健康、生命、和平、宁静、安全感
蓝色	可靠、力量、冷静、信用、永恒、清爽、专业
紫色	智慧、想象、神秘、高尚、优雅
黑色	深沉、黑暗、现代感
白色	朴素、纯洁、清爽、干净
灰色	冷静、中立

图 1.13 色相与人的色彩感受

纯度对情绪也有影响。色彩的纯度一旦改变，就向灰色发展，颜色的兴奋性也会降低，沉静感加强。纯度级别 8 为中性，6 以下则纯度降低，沉静感觉就加强。纯度级别在 10 以上，纯度越高，兴奋感加强。

在明度上，9 级以上的颜色呈现兴奋感，8 级以上为中性，7 级以下呈现沉静感。总之，暖色系中，明亮而鲜艳的颜色令人兴奋，娱乐场所应选用让人兴奋的色彩，休息场所应选用沉静的色彩。

色彩对人类的某些影响是在进化过程中被保留下来的，例如红色能够吸引更多注意、导致更高的唤醒水平和攻击行为、提高性吸引力、提高竞争表现，这可能是因为红色是大多数动物血液的颜色，对红色产生的显著生理和心理反应有助于生物体躲避风险，提高生存和繁衍的机会，因此在不少警示标志中使用了红色。

颜色深植于人体内的影响力也会表现在消费者行为上，因为颜色能够影响人们的动机和情绪。例如，红色背景能够提升需要注意细节的认知任务成绩，而蓝色背景能够提升与创造力有关的认知任务表现，这主要是因为红色会启动被试者的回避动机，而蓝色会启动被试者的亲近动机[4]。

还有发现指出，网页背景颜色会影响消费者在购物网站消费时的支付意愿。在竞价拍卖时，红色背景比蓝色背景使消费者每次加价更多，而在讨价还价时，红色背景则让消费者出价更低，红色背景导致的更高的唤醒水平和更强的攻击性是该效应的原因[5]。

（2）色彩偏好

每个人都有自己的色彩偏好，在对色彩偏好情况进行考察时，要明确色彩不是孤立出现的，而是与物质的其他属性共同存在，如红色的衣服，红色的花朵。某个人喜欢红色的衣服，但不一定喜欢红色的墙壁，这里我们只是综合了总的色彩偏好规律。个人对色彩的偏好受年龄、生理状况、性格、性别、受教育程度、历史文化传统、自然环境、生活环境、社会环境、宗教信仰、经济条件和群体心理等因素的影响。早在 20 世纪三四十年代，德国巴斯鲁大学心理学教授马克思·露西亚在色彩好恶与性格方面进行过深入研究，形成了一种简便的色彩测试法(Luscher Color Test),该法采用深蓝、蓝绿、橙红、鲜黄 4 种基本色卡，灰、褐、紫、黑 4 种辅助色卡，让被试者依照喜欢的程度将其排列，这种测试法在当时的欧洲很流行。但在做这方面的研究时，要考虑的问题是人对物体表面的色彩与抽象色彩好恶是有别的。从发展角度讲，一个人对色彩的好恶，随着个人经验、文化水平、社会环境等诸因素的变化而变化[6]。

色彩影响人们的日常生活，甚至是从孩提时代开始的。研究显示，孩子们具有向光性的本能反应，对三原色的敏感度胜于柔和的混合色彩。曾有研究以 500 多名儿童为研究对象，调查各年龄组儿童对色彩的偏好情况。测试工具为 8 种色纸卡，要求被试儿童依据自己的色彩好恶按顺序摆放。研究结果表明，3 岁的儿童大都喜欢原色或纯色，尤其是红，其次为黄、蓝、白、绿、棕。13 ～ 15 岁儿童则发生了很大变化，小学生偏爱的颜色顺序为蓝、红、黄、绿、白、黑。大学生的喜好顺序为蓝、红、绿、黄、橙。随着年龄的增大，人们爱好色彩的色相由长波长色彩向短波长色彩过渡，即由暖色逐渐趋向于冷色。认识事物时，年龄小的对色彩比较敏感，年龄大的对形状比较敏感。蓝色往往是成年人最喜欢的色彩，虽然它与悲伤、消极相关，但由于蓝色是冷色调，它的凉爽、镇定与放松的效果却令人喜爱。至于厌恶的色彩，大部分男女儿童都不喜欢黑色、茶色、灰色等色彩。很多日本与美国学者都认为低龄儿童色彩偏好不稳定，成年人的色彩偏好相对稳定。

人自身的生理状况也会影响其对色彩的选择与喜好。在55岁以后，我们的辨色能力迅速下降，有些人在60岁左右就无法辨别黄色与蓝色。俄国著名画家列宾在晚年的时候常责怪自己为什么把人物的脸画得很黄，为什么蓝色和紫色的颜料总觉着用得太少？据说有一次，他的作品《伊凡雷帝杀子》(图1.14)在一次展览时被戳破，人们请来列宾重新修补，但是修补后的人脸变得青中透紫，难看至极。事后，人们只得把列宾画过的地方统统抹去，请别的画家根据复制品尽量恢复原画的本色。

大画家对于颜色的失辨让人不可思议，但其实这是由于人到了晚年，人眼内的黄色素随着年龄的增加而增加，所以看什么都觉得偏黄，这也是列宾年青时总是把对象画得青紫。Badalian 等人在 1995 年，对患有器质性中枢神经系统损害和边缘性精神疾病的儿童与青少年采用 Luscher 色彩测试法评估其情感状态。研究结果表明，神经过敏水平与典型的神经病理改变，会影响颜色选择的结果[7]。Fleming 等人在 1988 年，对不同健康状态的学前儿童进行色彩偏好的研究，他们发现健康儿童与患病儿童色彩偏好有明显不同[8]。一些学者在不同的疾病领域对色彩偏好进行了相关性的研究，通过被试者的色彩偏好来判断其情感表达、行为特征，以及疾病康复等特点。

图 1.14《伊凡雷帝杀子》

1.5.2 图形认知

（1）图形印记

除了色彩可以给人带来丰富的感官认知外，图形也可以带来深刻的感官感受。比如当我们看到尖锐的针头图片时会觉得“这看着很疼”。

请大家看图 1.15 中的两张图，你觉得哪张应该叫“KIKI”，哪张应该叫“BUBA”呢?

大部分人都会认为左边的图案应该叫“KIKI”，因为“KIKI”的发音给人尖锐的感觉，而“BUBA”的发音则符合右边图案圆润的感觉。

图形具有一定的隐喻性，我们在生活中看到的各种标识都充分体现了图案的隐喻性。例如象形字是文字对于图像的一种抽象化，埃及的象形文字、苏美尔文、古印度文以及中国的甲骨文，都是从一些纹样及图案中简化和抽象出来的。再例如服饰纹样，在各国礼仪祭祀等穿着礼服的场合，服装上的纹样都被赋予特殊的意义，例如中国的十二章纹（图 1.16），自东汉起，前后绵延近两千年，十二种图案各有其象征意义。按照历代注疏《周礼·春官·司服》的解释，日月星辰，“取其明也”；山，“取其人所仰”；龙，“取其能变化”；华虫，即是“花”和“雉”“取其文理”（即取其五彩的外貌）；宗彝（yí），取其忠孝，因有的绘成虎与猿形，虎，“取其严猛”，猿，取其“智”；藻，取其洁净；火，取其光明，粉米，取其“养人”（即取其滋养）；黼（fǔ），黑白相次的

图 1.15 “KIKI” 和 “BUBA”

图 1.16 中国古代十二章纹

斧形，刃白身黑，取其“割断”（做事果断之意）；黻（fú），黑青相背的“亚”形，取其“背恶向善”（《周礼·春官·司服》贾疏）。

在章纹的使用上，魏晋规定，皇帝郊祀天地、明堂、宗庙，元会临轩，其服装，“衣画裳绣，十二章”，王公、卿助祭郊庙，王公衣九章，卿衣七章（《晋书·舆服志》）。南北朝时期，章服制度更趋繁琐，以后周为例，不仅不同等级的人有不同等级的章服，即使同一等级，不同用处的礼服也各有不同的章纹。皇帝“祀昊天上帝”等，用十二章，“享诸先帝”等，用九章；诸公之服，有时用九章，有时用八章，有时用七章，有时用六章（《隋书·礼仪六》）。

日本的家徽（mon），在日语里被称为“家纹”。用来表示自家家族的家系，血统及地位而使用的纹章。关于家纹产生的具体年代，在日本有两种说法，一种说法是产生于平安朝时期（794—1193年）；另一种说法是产生于在源赖朝（1182—1204年）初年。刚开始时，家徽只在上层社会中使用，比如皇室贵族。到了平安时期武士阶级兴起，原本只在上层阶级使用的家徽开始普及开来。一些西方学者称日本“家纹”为“武士的纹章”，大概也跟武士阶级兴起后常出现在战场上有关吧。与欧洲纹章一样，“家纹”也可以用来在远距离辨明敌我双方的军队。到了平安中后期，很多达官贵人都喜欢在服饰上绣纹样来显示自己的身份地位，特别是在和服上。这些图案大多都来自植物、动物和一些生活用品的形象。当这种纹样慢慢固定下来后，装饰范围也扩大到了家居、车马等生活用品上，于是他们便作为一种象征，在家族之间反复使用、世代相传，遂发展成一个家族的家徽。家徽大多都是以单一的颜色出现。家纹多数是对称的物象，种类极为广泛，在日本家徽中最常见的要数植物图案了，简单来说大概可以把它分成七类，其意义详解见表 1.1。

表 1.1 日本家徽分类表

分类	详解	图例
植物纹	银杏、松、稻、竹、笹、柏、梶、茗荷、抚子、葵、牡丹、铁线、椿、梅、樱、菱、桐、桔梗、菊、藤、虎杖、橘、杜若等	 
动物纹	哺乳类、鸟类、昆虫类使用较多 例如：狮子、凤凰、鹿、马、兔、鹤、鹰（鹰羽）、雀、千鸟、龟、蝶等	 
器具纹	多数是生活所需的物品 例如：轮宝、币、铃、弓矢、刀剑、军配、阵笠、锹形、弦卷、杏叶、帆挂船、舵、车、团扇、扇、五德、笠、丝卷、网、琴柱、钱、赤鸟等	 
自然纹	日月、星辰、波浪、雪、云之类 例如：日、月、星（曜）、云、霞、水等	 
花样纹	各种直线、曲线图案与绘画纹样 例如：菱、割菱、目结、折入、稻妻、山形、龟甲、鳞、角、巴、轮、木瓜、轮违、蛇目、唐草、日足等	 
文字纹	选择的文字，大多有吉祥的含义，字画简单明了 例如：一、二、三、五、六、八、九、十、百、万、大、小、水、天、山、川、上、中、吉、卍、福、井等	 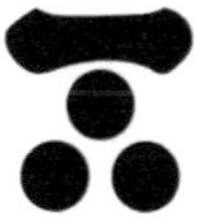

（2）设计中的图形隐喻

纵观古今中外，图形承载着诸多隐喻和重要意义。在设计中图形的隐喻应用可以分为：

① 形状隐喻

有拐角的形状象征着针锋相对的冲突，因此这种形状的品牌标识为独立型的消费者所喜爱；圆润的形状则象征着温和，所以更容易被相依型的人所接受[9]。

② 长度隐喻

消费者对产品时间功能属性（如电池供电时间）的评价会被品牌标识的形状所影响，与正方形标识相比，长方形标识会让消费者认为产品使用时间更长[10]。

③ 边框隐喻

近来有关品牌标识的一些研究表明，图形设计上的一些细微变化在不影响消费者对标识美感评价的前提下，会对消费者的心理产生影响：有形状的边框不仅意味着图形的结构更明确，而且有助于消费者获得心理隐喻上的结构感。有边框或内部结构线条的品牌标识、药片、柜子会获得低控制感消费者的相对好评，因为他们更加需要结构感[11]。一些设计品牌的标识采用笔画线条不完整的字体设计会使得消费者觉得品牌更有趣、企业更有创新力等。

以品牌标志设计为例，品牌标志即品牌 LOGO，是区分品牌的视觉符号，涵盖了色彩、图案、造型等视觉语言，并通过这些标识符号向消费者传递品牌信息。品牌标志设计

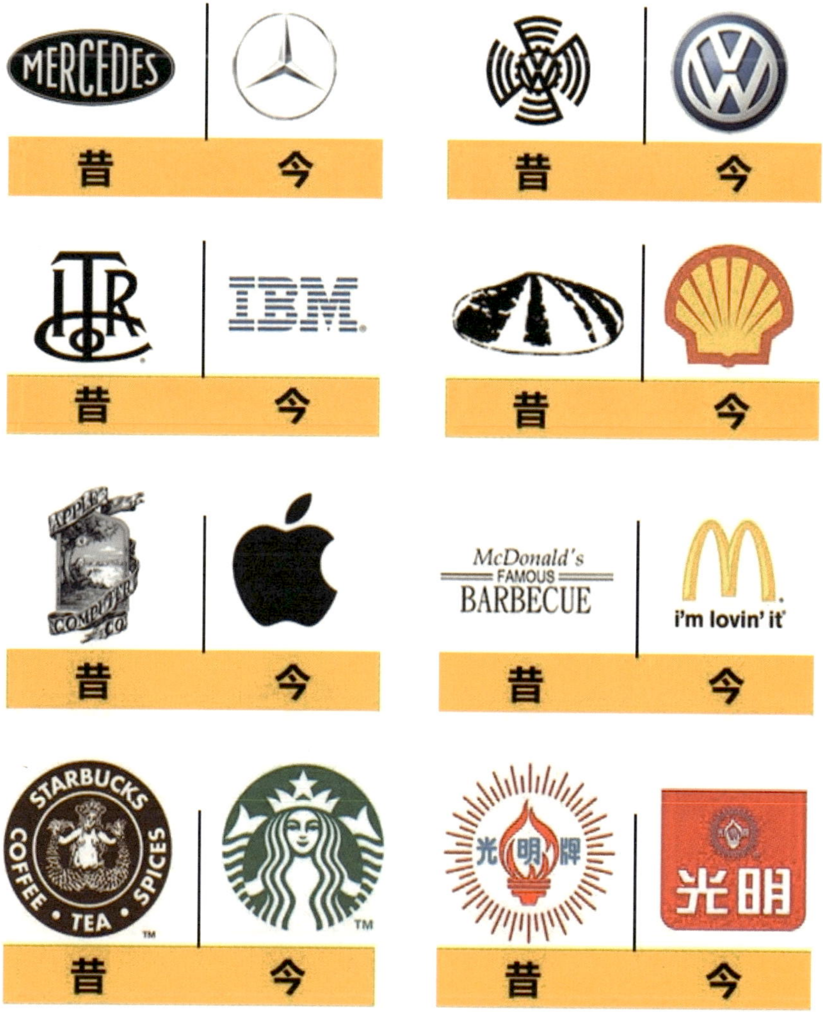

图 1.17 品牌 LOGO 的演化

的过程是一个简练、概括、完美要求的过程，它需要较长时间的不断完善。我们从很多品牌 LOGO 的演变中可以看到随着时间的发展，品牌的图形的抽象度和简洁度不断提升（图 1.17）。

④ 位置隐喻

从定量的角度研究产品图片在包装上的摆放位置是否合适，从而让消费者通过包装便可以判断产品的重量、体积等。以重量为例，针对低卡路里需求的消费者，其包装最好给人一种较为轻盈的印象，而对于以口味厚重、营养丰富为特色的乳制品，则最好通过包装传递出厚重的感觉。请看图 1.18、图 1.19 两组包装，哪种让你感觉更重呢？

研究发现如果是矩形包装，让人感觉厚重的位置在水平矩形的右侧和垂直矩形的底部（故图 1.18、图 1.19 图中都是右边的包装设计让人感觉产品较重）；如果是正方形或者圆形包装，则在右下方。进一步研究发现，消费者盯着包装看的时间越久，越觉得产品更重。所以，如果需要传递分量十足的量贩感不妨将包装设计得绚丽花俏点，这样可以让消费者注目更长时间；反之，如果需要传达轻量健康感，则不妨将包装设计得简约一些。

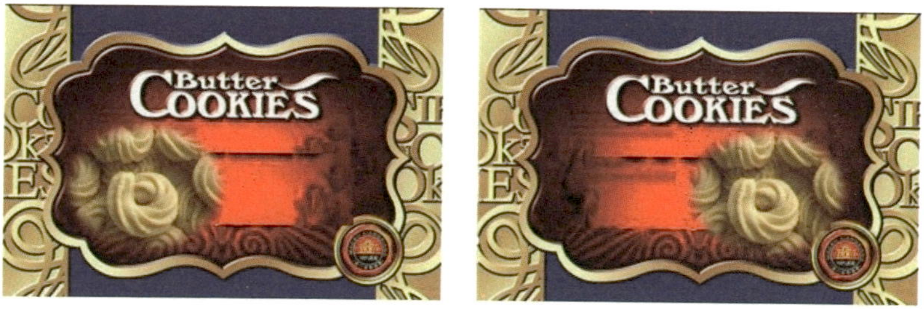

图 1.18 哪种包装让产品看起来更重?

图 1.19 哪种包装让产品看起来更重?

听觉

2.1 听觉系统的基本组成

2.1.1 耳朵如何“听”

人类捕捉声音的信号过程是这样的：声音的振动使得我们的耳膜带动听小骨运动，听小骨敲击我们的内耳，内耳里充满液体，振动使得液体运动，从而把信号传给听觉神经。

人类的耳朵从结构上可以分为外耳、中耳和内耳（耳蜗）三大部分。听觉是大脑皮质对内耳耳蜗传入冲动整合后形成的。耳蜗是声音感受器，而外耳和中耳的功能是将声音震动有效地传递到耳蜗，耳朵的结构如图 2.1 所示。

（1）外耳

耳廓有收集声波的作用，并有助于声源定位。外耳除了作为声音通道外，还有共鸣腔效应，能将适应频率的声音增强。人外耳道的最佳共鸣频率为 3 500Hz，此频率的声音通过时，可增强十倍。

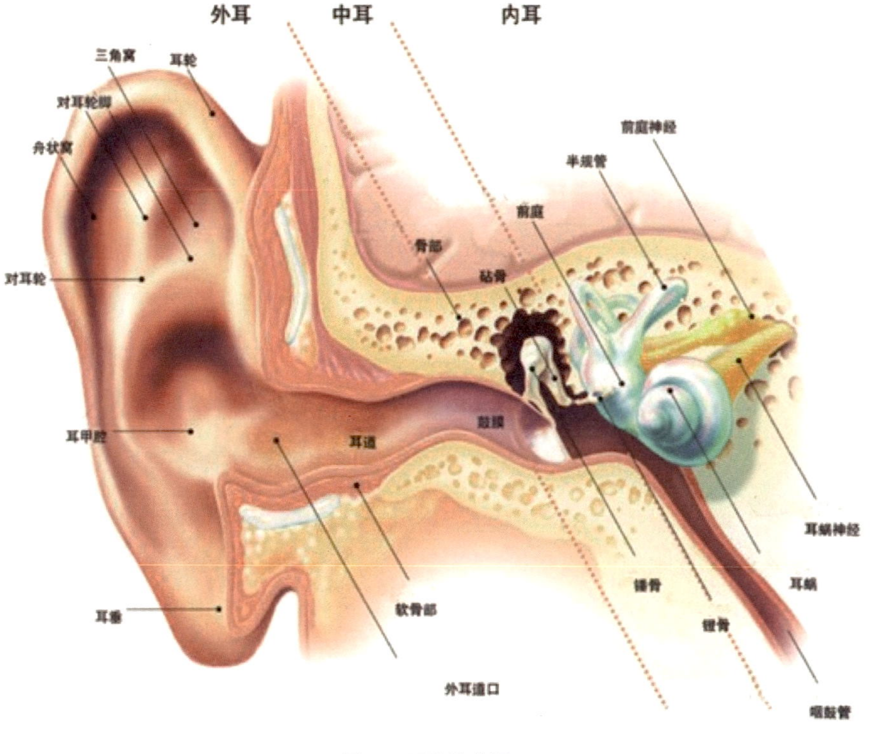
外耳
中耳
内耳
三角窝
耳轮
对耳轮脚
舟状窝
对耳轮
耳甲腔
耳垂
耳道
软骨部
外耳道口
骨部
鼓膜
砧骨
前庭
半规管
前庭神经
耳蜗神经
锤骨
耳蜗
镫骨
咽鼓管

图 2.1 耳朵结构图

（2）中耳

由于内耳的骨、内淋巴液相对于空气而言属声密质，空气振动直接向其传递时能量损失极大。因此中耳利用鼓膜和听骨链提高声音传递的效率，并进行增压。

鼓膜呈漏斗状，作为声音由气体向固体传递的振动膜。鼓膜随空气振动时有较好的频率响应和较小的失真。听骨链是由锤骨、砧骨和镫骨连接成的固定角度杠杆。外端锤骨柄接鼓膜，内端镫骨接内耳，钢性极好的听骨链，有利于振动的传导。

除此之外，中耳还有一种保护机制：鼓膜张肌、镫骨肌能在声压过大时反射性收缩，增加传导阻力，减小向内耳传导振动的压强和振幅，保护内耳感音装置。咽鼓管开放可平衡鼓膜两侧压力，维持鼓膜的正常位置和机械特性。

（3）内耳

内耳中有感受声音的耳蜗和感受头部空间位置改变的前庭器官。

耳蜗是声音感受器，在我们的颞骨部位，由一条骨质管盘旋 2.5 ~ 2.75 周而成。此处是体内骨质最致密的部位之一，形成类似音箱的装置，为内部的感受细胞提供相对安静的环境。内耳里的耳蜗有三个腔室，腔室里充满着液体。这些液体是淋巴液，液体中的电解质成分与我们的脑脊液非常相似。由于听小骨敲打，产生运动，内耳里的几个膜产生相应的振动，从而使得柯蒂氏器产生信号，传给听觉神经，再传给脑部。柯蒂氏器位于耳蜗膜蜗管基底膜上的螺旋器，自蜗底至蜗顶全长约 32 毫米。内、外毛细胞、支柱细胞和盖膜是听觉感受器的主要成分。靠近蜗轴侧有单排内毛细胞，其外侧有 3 排或更多的外毛细胞，这些都是听觉感受细胞。

前庭器官包括半规管、椭圆囊和球囊。后两者合称位砂（又称耳石）器官。半规管感受头部在三维空间运动时的角加速度变化，耳石器官则感受直线加速度变化；它们引起的传入冲动是中枢神经系统对肌紧张和姿势进行调节的重要依据。

2.1.2 大脑如何“听见”

听觉中枢的构造也比较复杂，在听觉传导至终端大脑皮层的有关区域之前，还有上橄榄核及下丘组成的听觉非条件反射中枢，它支配中耳肌肉、眼球肌肉以及身体肌肉的有关运动。听觉大脑皮层的代表区是颞横回和颞上回，只要耳朵感知到一点有节律的“美音”，就会使人产生听觉快感。

（1）音乐信号感受器——耳蜗中的毛细胞

前面说过，耳蜗中的毛细胞是声音的感受器，毛细胞的外形就像一排排小刷子（图 2.2），当声波穿过椭圆窗，耳蜗液体开始运动，微小的毛细胞也跟着运动。这些毛细胞依此将振动转换成电脉冲，神经将电信号再传至大脑的听觉中枢进行处理。如果毛细胞遭到破坏，那么人的听力就会下降，而毛细胞是很难再生的，所以平时在听耳机时一定要注意时间不能过长，音量不可过大，不然可能会损伤毛细胞，出现不可逆的听力损伤。

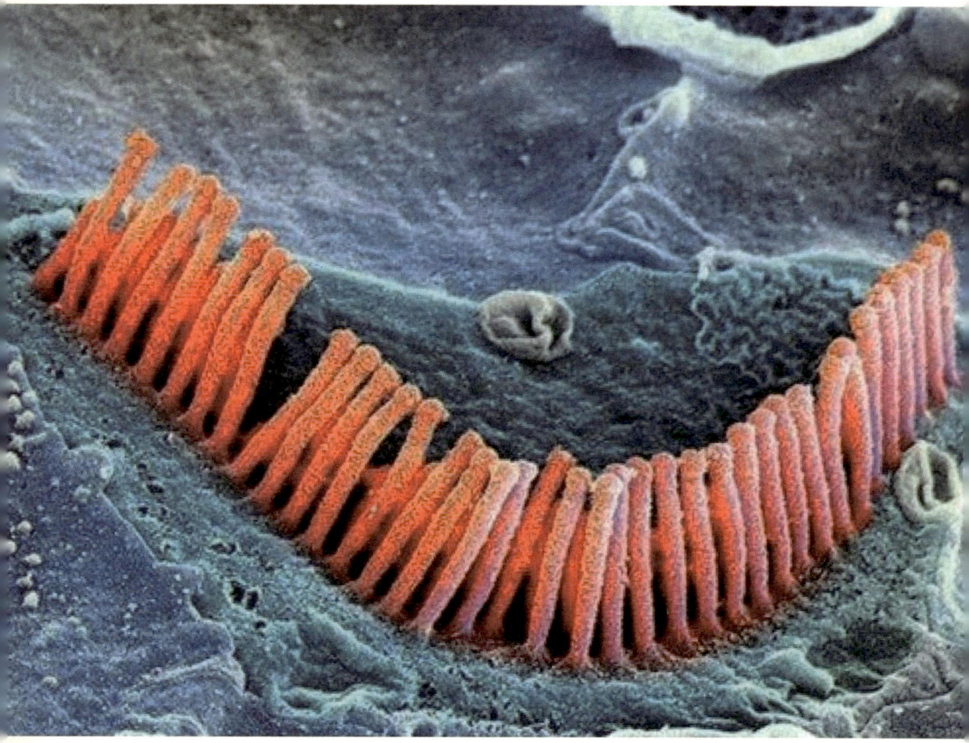

图 2.2 耳蜗中的毛细胞

（2）听觉皮层

听觉皮层和视觉皮层比较类似，同样存在“是什么”和“在哪里”通路。听觉皮层的“是什么”通路位于颞前皮层，对声音的模式较为敏感。听觉的“在哪里”通路位于颞后皮层和顶叶皮层中对声音位置敏感的区域。

（3）听觉与平衡

人类是少数用后肢步行的生物之一，除人类外，还有一些不能飞的鸟类，一生都在利用双脚维持平衡，比如鸵鸟的体重要靠大腿花好一番功夫才能平衡与支撑。不过人类的问题在于大而沉的头部很容易让我们失去平衡。而人类往往还会挑战高难度的平衡运动项目，如滑雪、过山车、平衡木、冰上旋转等，可以说人类的平衡能力是较为出众的。

那么，我们如何保持平衡呢？平衡器官由耳、眼和平衡系统三个部分组成。在我们耳朵深处有三个相互垂直，称为半规管的平衡器官，半规管道里充满液体，其中有一些微型的绒毛细胞，当头部移动时，这些液体会流动起来，绒毛细胞也跟着摆动，将神经讯号传达到大脑。管道有三个不同的方向，这是人感觉到三维空间的原因。半规管受到刺激时能引起眼球的运动反应，属于前庭—眼反射，称为眼球震颤。水平半规管受刺激引起的是水平方向上的震颤，其表现是：眼球从眼裂中间位置缓慢转向眼裂一端，然后快速地返回中间位置，如此反复。

2.2 神经科学中对于听觉的探讨

2.2.1 声音的物理和知觉维度

声音的振幅是代表声音振动的范围和强度的物理量，而响度就是与振幅相对应的感觉。快速说话的声音与同样物理振幅的舒缓音乐相比会让人觉得声音更响；声音的频率是指每秒钟震荡次数，用赫兹表示（hz），而音高则是与之相对应的知觉，频率越高声音越高。音色是由声音的波形所决定的，典型的音色波形有方波、锯齿波、正弦波、脉冲波等。不同的音色，通过波形，完全可以分辨，音色可以给人带来丰富的声音体验。

人耳至少需要将近 0.1 秒的持续时间，才能感觉到声音。高频时，需要的时间短些，大约在 0.05 秒左右。声强很大的声音，需要的时间也会短些；人的听觉有一个余音现象，这是由于听觉神经疲劳的缘故，余音存在时间极短，在 0.013 ~ 0.022 秒之间，可忽略不计。

2.2.2 音高知觉

我们对于音乐的欣赏或者日常对话的理解都取决于我们对于声音的辨别能力，那么人类如何辨别声音呢？正常的人耳可以听到的声音范围在 20 ~ 20 000 赫兹之间。高于 20 000 赫兹的声波称为超声波。很多动物能听到这些声波。比如我们熟悉的蝙蝠通过超声波捕食。低于 20 赫兹的声音称为次声波。也有很多动物可以听到人类听不到的低频率的声音，比如大象，鲸鱼等。虽然我们听不到次声波，但次声波会使人头晕、不适，甚至引起内脏振动和损伤。

每一种频率，都有一个刚好能引起听觉的最小振动强度，称为听阈。当振动强度在听阈以上继续增加时，听觉的感受也相应增强，但当振动强度增加到某一限度时，它引起的将不单是听觉，同时还会引起鼓膜的疼痛感觉，这个限度称为最大可听阈。由于对每一个振动频率都有自己的听阈和最大或听阈，因而就能绘制出表示人耳对振动频率和强度的感受范围的坐标图，即人的正常听阈图。如 2.3 图所示，曲线表示不同频率振动的听阈，上方曲线表示它们的最大听阈，两得所包含的面积则称为听域。凡是人所能感受的声音，它的频率和强度的坐标都应在听域的范围之内。人耳最敏感的频率在 1 000 ~ 3 000 赫兹之间；而日常语言的频率略低，语音的强度则在听阈和最大可听阈之间的中等强度处。年轻人对高音的听觉范围较大，老年人则较小。据此，可在品牌的听觉设计中提出相对适当的音乐与语音设计。

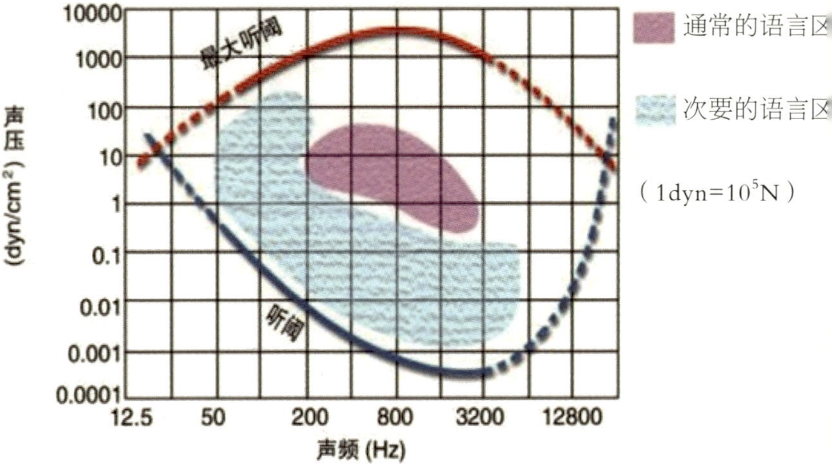
10000
1000
100
10
1
0.1
0.01
0.001
0.0001
声压 (dyn/cm²)
12.5
50
200
800
3200
12800
声频 (Hz)
最大听阈
听阈
通常的语言区
次要的语言区
（1dyn=10⁵N）

图 2.3 人的正常听阈图

2.2.3 声音的定位：头的大小有讲究

如果手机突然找不到了，你可能会拜托身边的人拨通你的号码，通过手机的响铃声来寻找手机，你可能会来回转动头部，仔细辨别手机铃声传来的方向，这个动作是不是很像正在捕猎中的猫头鹰？如果我告诉你寻找声源的方式和自身头部的大小有关系，你是否会觉得有点意外呢？

对于声音的定位我们主要是基于三种方式。第一种是两耳间声音的不同强度。声音在较近的耳朵中更加响亮，如果声音频率在 2 000~3 000 赫兹之间，则正常成年人可以通过音强进行准确的声源定位。第二种方法是通过声音到达双耳的时差。从两个位置之间传出的声音到达两耳的时差在 0~600 微秒之间，利用到达时间对突然发出的声音进行定位是非常有效的。第三种方式是两耳之间的相位差。如果声音源靠近头的一侧，则两耳接收到的声波具有相位差，相位差为人类定位低于 1 500 赫兹的声音提供了有用的线索。

那么问题来了，如果是小头爸爸和大头儿子，各自采用哪种声音定位策略更有效呢？

答案是小头爸爸主要适合响度差异定位，因为两耳距离较小，使得声音对两耳产生较大的时差，大头儿子则适合通过两耳发生的时差定位声音，因为他们的两耳相距较远，很适合觉察相位和发生时间的不同。

2.2.4 鸡尾酒会效应

科学家们有的时候确实会搞一点科研“恶作剧”，英国心理学家 E.C.Cherry 研究了被称为鸡尾酒会效应的现象，在一个嘈杂的鸡尾酒会上，人们为什么可集中于某一个话题呢？听者是如何克服周围环境声音的影响，将他们的注意力集中在感兴趣的话题上的呢？

Cherry 进一步让被试者戴上耳机，左右耳播放不同声道的声音，并要求被试者追随一侧耳朵的输入，结果发现，被试者无法报告另一侧耳朵听到的语音刺激任何细节内容（参与实验的被试者一开始会比较崩溃）。由此，人们会发现听觉的注意会导致一侧耳朵更好地加工信息，但同时会弱化非注意一侧听觉信息的加工。

2.3 听觉的起源与进化

2.3.1 耳朵的进化

在系统进化的过程中，听觉器官最早出现于无脊椎动物的节肢动物，但节肢动物听觉感受器与触觉感受器没有明显的界限。随着生活环境的改变，水生的鱼类出现了内耳，在从水栖动物到陆栖动物的过渡中，出现了中耳，内耳也逐渐复杂化，形成了原始的基底膜，鸟类和哺乳类动物的听觉器官达到了发育的最高点，也是所有感觉器官中最为复杂的器官之一[12]。

对人类来说，听觉离不开耳朵，否则，外部环境对于人类而言只是万马齐喑，并且人类将为听不到来自自然和环境的声音而付出高昂的代价。那么，耳朵和听觉是如何形成的呢？

有人推测,耳朵和听觉是人类居住在黑暗环境中的产物。英国剑桥大学的古生物学家詹尼弗·克拉克曾提出，听觉进化后能帮助脊椎动物抓住嗡嗡作响的昆虫。这是实用主义的观点。不过早期的自然环境中昆虫并不是很多。所以，也有人认为听觉在脊椎动物身上得到发展是为了帮助这些动物居住在光线昏暗的山洞或者壁穴中。现代许多动物敏锐的听觉似乎佐证了这个假说。例如，猫头鹰、猫和壁虎的灵敏听觉正是适应黑暗生活的结果。尽管我们并不知道自己的耳朵是何时进化的，但是生物最早的耳朵形成却有了一些线索。德国柏林洪堡大学的古生物学家约翰内斯·缪勒和林达认为，生物最早的耳朵是在2.6亿年前为适应黑暗环境而产生的。耳朵在陆地脊椎动物中独立进化了至少6次，这些动物包括哺乳动物、蜥蜴类爬行动物、蛙类、乌龟类、鳄类和鸟类。虽然这些动物的耳朵可能在细节上有差别，但它们具有某些共同的特征：一层像鼓膜一样的薄膜来收集声波和一些能把声音传送至内耳的小骨（比如镫骨）。这一推断的依据来自20世纪30年代在俄罗斯中部的梅贞河流域发掘的许多早期爬行类动物的标本，这些化石可以追溯到2.6亿年前。在这些化石身上，巨大的、类似鼓膜的组织覆盖了脸颊的大部分面积。在保存更完好的标本上，有类似于现代耳朵的内耳骨，包括镫骨。除此之外，这些化石的鼓膜和镫骨与内耳连接的相对尺寸与现代的陆地脊椎动物极为相像。这证明古老的动物耳朵具有听到空气中传递声音所必需的特点[13]。

2.3.2 蝙蝠的高频声波

令人吃惊的是，蝙蝠和人类拥有几乎一样的发声和听觉系统，却能产生高频赫兹。为了发出叫声，蝙蝠必须最大化伸展自己的身体。有些蝙蝠物种能够发出高达20万赫兹的声音，这意味着他们以每秒20万次的频率开合声带。他们的身体可发生变形：声带上带有层薄而轻的膜，可实现快速震动，这一频率甚至超出人类的听力范围。

据一位来自布里斯托大学热衷于研究蝙蝠的专家描述，蝙蝠不仅能听到昆虫和自己的叫声，也能接收到植物反射后的声音。当蝙蝠飞越雨林时，会听到植被反射的各类复杂声音。研究人员通过训练蝙蝠在满是人造树叶的实验室里找到喂食器来证实，在半球状树叶空间下生活的蝙蝠可以很快找到食物。在雨林中，蝙蝠偏爱葡萄树的凸状树叶，因此提高了葡萄树授粉的几率，而蝙蝠们也能享用美味的花蜜。

2.3.3 飞蛾的尾巴

在实验室里，研究人员留有一组干化后的飞蛾样本，有些蛾的尾巴特别长。与葡萄树一样，这些蛾由于蝙蝠的回升定位叫声出现基因变异。有些蛾进化到能接受高频叫声，只是为了躲避捕杀者——蝙蝠。飞蛾的长尾巴其实是超声波诱饵。战斗机将诱饵拖在身后，引诱雷达控制导弹远离机身。同样的，飞蛾也会牺牲自己的尾巴以躲过蝙蝠的攻击。马达加斯加水青蛾有两条剪刀状的尾巴，其长度是身体部分的 6 倍图 2.4。这两条尾巴呈麻花状交织，在试验测试中显示，此种做法可有效反射从各方传来的蝙蝠叫声，与体积较小的飞蛾利用翅膀反射超声波的原理相似。同时还证实，蝙蝠 70% 的时间都用于攻击飞蛾的长尾巴，而非身体本身；虽然飞蛾可能断了尾巴，但至少还能存活下来 [14]。

2.3.4 察觉危险

听觉也让我们时常保持警觉，是我们很难自觉屏蔽的感官之一。有时在我们无意识情况下，也能听得到声音，多数情况下灵敏的听觉能决定生死。白天，人类的祖先猿用眼睛探测环境的安全程度，夜晚则依靠耳朵。当其他感官都停止工作时，我们的听觉依旧保持警觉。

图 2.4 水清蛾

曾有医生进行过一项测试，以发现不同声音对睡眠造成的影响。将电极片固定在志愿者的头皮上，当志愿者入睡后进入频繁眼动时期时，导入海鸥的叫声，一段时间后，叫醒志愿者，发现海鸥的叫声对其梦境影响较小；随后，待志愿者入睡后，导入警报声，再叫醒志愿者，志愿者则描述了梦到救护车与火灾情境。由此可见，从进化的角度而言，听觉是为了察觉危险而存在的。

2.3.5 浮想联翩：声音联想

我们除了对于危险的声音非常敏锐之外，还会对配偶的声音敏感。行为专家莎拉·柯林斯一直研究声音迷人的奇妙之处。她发现，大部分女性听到深沉的声音都会想象对方身材健壮，相对更阳刚；而男性认为声音沙哑的女性声音更吸引人，并会想像其身材玲珑活泼，使人心驰神往。但声音会骗人，多数人在听声辨人这方面大都不太准确。

我们也通过声音表达情感，比如音乐。音乐以简单的形式传达情感，其精髓在于节奏。我们天生对节奏有感应，而婴儿会自然地跟着音乐打出节拍，我们自然地回应节拍，也会自然地将音乐与特定的情绪结合起来。通过扫描人类大脑，科学家发现，好听的音乐可以活化大脑，使人兴奋。

2.4 听觉审美

2.4.1 听觉审美与地域

安德森在《想象的共同体》中指出，语言的标准化为现代国家的诞生提供了不可或缺的条件。不同的国家、不同的民族有其独特的语言，但所有文明世界都喜欢某些形式音乐，某些具有起民族特色的音符排列方式。

西方音乐似乎喜欢按一种复调音乐来排列音，但音的排列方式还有许多种，而且每一种都具有深刻的内涵。

意大利气候适宜，是一个历来繁荣的地区，天时地利，使意大利人能保持并发展自己的民族气质和性格：思想活跃、热情奔放。在宗教音乐，甚至民间音乐中都能找到那些地区的音调因素。东欧主要指巴尔干地区的一些国家，包括波兰、匈牙利、保加利亚、罗马尼亚、南斯拉夫、阿尔巴尼亚等。波兰音乐接近俄罗斯，小调居多；罗马尼亚、保加利亚等音乐和土耳其音乐有密切的联系，这一地区的民歌大多为叙事分节歌、小调占优势；西班牙从 8 世纪——15 世纪，一直处于摩尔人统治下，受到阿拉伯文化影响很深，如喜好非对称的句法，非度量体系的中东花腔式的节奏用法，以及由此发展而来的各种热烈的舞蹈节奏，说明比较“形”和“情”；西班牙人更重后者，表示拥有更多的非欧洲秩序感的浪漫气息。在阿根廷作曲家拉梅雷兹（Ramirez，1921~）的《中南美弥撒》中，可以看到他们几乎以载歌载舞的形式叙述圣经，表达自己的宗教情感。北欧包括丹麦、挪威、瑞典、芬兰、冰岛，由于古希腊文化和中世纪天主教文化对这些国家的影响并不大，加上宗教改革以后倾向新教，很少受文艺复兴和巴洛克的影响，一直到19世纪民族独立运动兴起，斯堪的纳维亚国家的文化才发展，它的音乐带有一种梦想式的超脱，带有几分北方的忧郁，格里格的音乐是最典型的。东方音乐中日本传统民族音乐中运用“fa（4）、xi（7）”音排列多样，而中国传统音乐中是按照五音进行编排的，即“宫、商、角、徵、羽”分别对应的是：do（1）、re（2）、mi（3）、so（5）、la（6）进行编曲的，中国古乐是没有“发（fa）”和“稀（ti）”两个音阶的，比如江南小调《茉莉花》和岳飞词的《满江红》。而非洲音乐给人的感觉是热情、节奏感强，让听着人的细胞与全身的血液一起律动。

2.4.2 听觉审美与社会演化

（1）宗教和仪式的礼乐之声

不管是祭祀、庆典，还是哀悼，文化和宗教仪式都离不开音乐性的声音。中国传统祭祀的乐舞活动，历来尊崇“以乐声来达到沟通鬼神、天地的目的”。每一种宗教也都有各自的敬拜仪式，“其重要性不仅在于宗教的教义，还在于它会强迫初入道的人一而再、再而三地重复相同的声音，直到这些声音铭刻在记忆中，成为一幅听觉风景画。”河南舞阳贾湖新石器早期文化遗址出土的骨笛（图2.5），从实际具备的音列结构关系来看，贾湖先民在乐器设计与制作上早已超

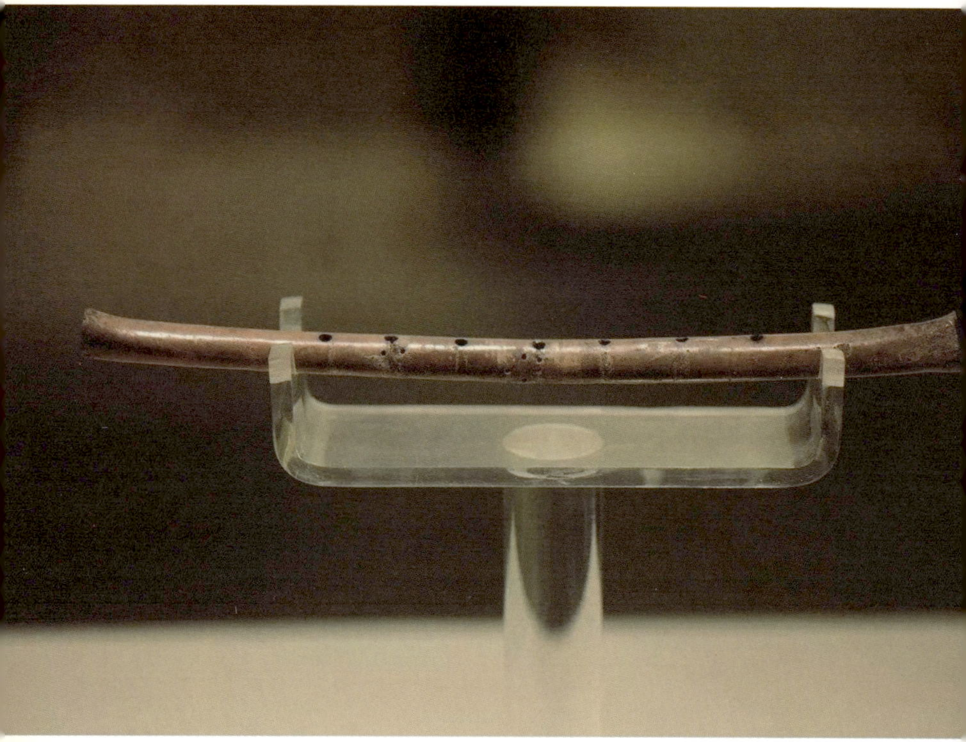

图 2.5 骨笛

越了对自然声或人声的模仿阶段，把握了音列结构与数理逻辑之间的关系，建立起具有结构特征的音乐思维能力。考古研究发现，骨笛在原始宗教礼仪活动中很可能是一种具礼器功能的乐器，它所引发的“是与宗教观念、情绪与想象等深层心理感受浑然一体的情绪体验。”《礼记·郊特牲》中有关于“殷人尚声。臭味未成，涤荡其声，乐三阕，然后出迎牲。声音之号，所以诏告于天地之间也”的记载，行乐者带有宗教祭祀观念的情感和乐通天地阴阳的心理，继承和延续了远古祭祀“音声和鸣、乐感天人”的意识。据音乐文化研究发现，殷人之所以选择“涤荡其声，乐三阕”的行乐方式，包含和反映了行乐活动中“尚声”的审美意识，从文化功能上起到了“诏告于天地之间”的作用，“其祭祀乐舞既有对涤荡乐声的感性体验，又在心理上建构了天人之间的感应系统。”

神道是日本民族特有的宗教信仰，卯杖是神道祭祀活动使用的一种特殊器具。在日本古代，卯杖一般被认为有厌鬼除恶的作用，也被视为“灵寿物”。中国古代也确有刚卯逐精魅、辟邪的观念。神道祭祀中的踏歌神事，是以足踏地而歌，祈求农业丰收的活动。卯杖舞在踏歌神事进行过程中，古乐伴奏，擂鼓起舞，时以包着种子的卯杖击地。中国民俗学研究者刘晓峰认为，卯杖和踏歌神事“是隋唐以前中国岁时文化影响日本的有力证据”。因为“杖末包五谷”的卯杖和中国正月的“以钱贯系杖脚”的木杖的联系是在“与地神信仰、与以物击打土地”的层面上，日本的卯杖很可能是汉朝的刚卯和杖文化复合的产物。而在行为层面上，卯杖击地与中国古代正月有关“如愿”的传说和风俗相似。如今在日本见到参拜的巡礼者，装束依然沿用古代的风俗，身着白衣，戴护手，扎绑腿，项下挂念珠，手持金刚杖和铃。

在古代祭祀仪式中，也有利用声响的“诡异”回应来增强宗教信仰的神秘力量的做法。墨西哥奇琴伊察的玛雅金字塔建于公元 11——13 世纪，站在离底部台阶大约 10 米远听台阶传来的回声，是一种音调逐渐下降的嘎嘎声，极像圣鸟凤尾绿咬鹃的叫声。可以想象，古代玛雅祭司主持仪式，以夸张的动作拍手召唤圣鸟——上帝派来的信使，为祭祀仪式而“赐予”了特殊的声音（图 2.6）。所以，通灵之声从来不只是与声音自身发生关系，而是与仪式、象征性乐器、话语等所有一切存在关系。

在宗教仪式中，音乐是传递信仰的神圣之音，让信众的整个心灵都沉浸其中，全神贯注，而圣歌则被认为是某种客观性和灵验的东西。同样，钟声自古以来也具有重要的诏告、敬畏的意义。早期的城市既是日常活动的中心，又是权力机构的所在地。城市的形态和布局精心规划，以体现社会的权力结构，并为宗教仪式提供戏剧式的背景。因此，城市形态的布局在某个层面上是一种心理控制和统治的辅助手段。诸如城镇的中心（市政大厅或广场）、教堂和修道院等重要而有威信的场所，都使用钟声来标示时间、宣布宗教仪式开始和标记重要的历史性事件。

图 2.6 金字塔回声

（2）市井之声：民俗与响器

原始先民最初乐感的形成，与拟音的响器有直接关系。河姆渡新石器中期文化遗址发现有用禽类肢骨制成的骨哨，根据民俗学的知识，这类拟音的响器可以在狩猎中模拟鸟叫，它的制作与使用，启发和塑造了原始人声音审美的知觉力。一旦从拟音器的发声中体验到某种愉悦情绪、引发内在精神活动，甚而产生对自我价值及创造力以肯定的主体意识，拟音器的使用便摆脱了仅仅作为劳动工具的局限，而投入到审美体验活动中去。

在石器时代，人们用石头作工具，劳作时听辩石头撞击的声响，有轻有重，有浑有利，方、圆、尖、平等不同形状的石头发出的声响都不一样。听觉敏锐的人把不同声响的石头排列起来，敲击之下，组合成有节奏的变化，就成了最早的“音乐”。原本是工具的石器就变成了乐器，叫做“磬”。《尚书》所记“击石拊石，百兽率舞”，就是敲击石罄，在强弱、长短声音变化中与其他乐器相和，在乐舞活动中形成一种节奏美。中国古代有“八音”之说，指的是八种不同材质（金、石、丝、竹、匏、土、革、木）做成的的乐器，器型不同，装饰不同，音质各具特色。透过“八音”，我们得以了解原始初民的审美心理、形式美感和声音审美意识。

（3）工业化和城市化发展的现代声景

19 世纪末期出现的远距离声音传输、声音的录制与放大等技术革新是工业文明在声学领域取得突破性进展的显现。然而，回溯20世纪初的录音史料，当时除了对音乐和话语进行录制之外，并没有记录和保存其他声音的痕迹。19世纪末至20世纪初的二三十年间，正是马车声与后来出现的有轨电车、蒸汽火车、地铁、汽车的声音共存的一个阶段。这些新式的现代化交通工具原本可以为当时的城市生活提供最理想的关于工业化和机械美学的声音实证，可是它们完全被录音技术的早期掌控者所忽视。

20世纪初，随着工业、交通等科技的突飞猛进，客观世界和社会生活都发生了根本的变化，机器、技术以及与之相适应的速度、力量和竞争成为新时代的特征。1913年未来派画家路易吉·鲁索洛（Luigi Russolo）发布“噪音艺术”（Art of Noise）宣言：“古代生活是寂静的。而在19世纪随着机器的发明，噪音诞生了……我们可以自娱自乐地在想象中将翻滚的百叶窗的啪打声，火车站的嘈杂声，打铁厂、铣车床、印刷机、发电厂以及地下铁轨产生的声音组合成恢弘的交响曲……我们希望赋予这些不同的噪音以音高，将它们和谐又合拍地调和在一起。”对噪音的崇拜，是对工业时代的理想顶礼膜拜，而“噪声主义”本质上反映了一种推崇机械美学的现代性体验。

20世纪，以工业经济为主导的现代都市开始变得喧嚣，斗争、发展、变革和战争贯穿于这一世纪的历史，这也是一个全球化的世纪，在经历工业化、战争、技术革命、资本扩张、民族冲突等动荡之后，注定充满喧嚣。

出生在北京并生活于此多年的诗人北岛用文字的方式保存了一段一座城市在一个历史时期的声景体验："60年代的北京，静得像个大村庄。早上居然能听见公鸡打鸣。冬天，锅炉房烧水供暖，热水顺着暖气管道哗哗循环流动，伴随着嘶嘶的排气声及冷暖气流撞击时的爆裂声，似乎置身于一个庞大的消化排泄系统中。自行车声被清晨的寂静放大：辐条呼啸带风，轮胎飞沙走石，链条铿锵蹭着链套，铃声响起，洪钟般震耳欲聋。马车的铁蹄在柏油路上打滑，马打着响鼻，车把式大声呵斥，鞭梢劈开空气，车辕在颠动中吱嘎作响。一路公共汽车驶过，马达轰鸣，突突喷吐尾气，开关门时制动器发出叹息，售票员懒洋洋地报站。"而仅仅过去半个世纪，今天生活在北京的人们对北岛所经历的20世纪60年代的"静"可能会觉得遥远而陌生，生活方式、日常设施、交通工具、城市格局都在发生巨变，而所有这一切也决定了城市居民可听的声响环境。

2.4.3 听觉环境

梁启超在《饮冰室自由书》中以"传播文明三利器"为题阐述了日本明治维新以来关于传播文明的三种方法，即学校、新闻和演说。在没有现今的扩音电子设备的古代，祭祀、庆典、哀悼等文化仪式都离不开空间，巨石阵可能就是他们发表讲话、演奏音乐或者发出其他声响的地方。

音乐家和声效师会将声音分为活的或死的[15]。浴室就是活房间的一个例子，墙壁将声音反射到耳际，激发你唱歌的欲望。而奢华的酒店房间就如同死房间，声音被柔软家具、地毯和窗帘吸收，起到减震的效果。在大型音乐厅里管弦乐队的表演中，混响可以提升音效，使音乐更丰富。适当的混响能够增大音量，让房间两头的人更容易听到彼此的对话。建筑声学专家会使用“回音”来描述声音清晰可辨的重复音，比如在山里用真假嗓音急转的方式唱歌会引起回声，用混响来描述声音缓缓减弱至消失[16]。有证据显示，通过混响和其他声音感知到的房间大小，会影响我们对声音的情感反应。我们会觉得小房间比大空间更安静、更安全、更舒适。

宗教建筑中常会利用声音的反射效应进行设计，通过一些物品，比如管道、建筑物、墙、穹顶等，将别的地方的声音反射到指定位置，比如神像的嘴部，从而造成神像显灵的假象。而有的剧场则会在舞台上方、侧方、后方增加声音反射板，从而让声音更加清晰可辨。

2.5 听觉认知与设计

2.5.1 声音品牌化

听觉营销策略是激发顾客购买欲望的重要策略之一。应该说听觉是先于视觉让我们体验到这个世界的，它是我们与生俱来的一种能力，在母体内几个月的时候我们就已经具备了这种能力。越来越多的企业认识到声音对人的影响，努力尝试把声音运用到产品的营销过程中，例如在广告宣传中设计特别的音乐引起消费者的注意，甚至想通过这种音乐来引导消费者消费等。

丹尼尔·M. 杰克逊在《声音品牌化》一书中归纳出声音的三个元素：嗓音、环境音和乐音。环境音来自于我们可控范围之外，但是如果采取得当的方法和设施，还是能对其进行一定的控制，例如在选择店面之前考察周围的环境，店内装潢时增加隔音设施等。其他两个元素则完全在企业的控制范围之内。如何充分发挥两者的作用与所展示的产品相得益彰是值得认真研究的课题。“声音品牌化”是丹尼尔·M. 杰克逊提出的一个概念，就是如何设计一种声音，特别是乐音，将其作为产品的标识音，消费者在听到此声音的同时联想到该企业或产品。例如个人电脑 Windows 的启动音，可口可乐富于动感和诱惑力的宣传曲等，人们在听到这些特定声音的时候很容易联想到对应的品牌。

2.5.2 人声和语音

两位早期研究语音问题和原理的研究者卡尔·韦尼克（Carl Wernicke）和保罗·布洛卡（Paul Broca），用他们的名字命名了人脑中负责语言加工的两个主要区域，韦尼克区和布洛卡区。我们听到的词语的各个构成部分在这里被加工和识别。这些词语的构成部分被称为音素（Phoneme），是语言最小的单位。音素一变，词语的意义就会发生转变。

在感知语音时，我们感知到的不仅是读出来的音素，还会感知语言的其他特性，比如音高、音量和语速。在加工语音时，我们会根据这些声音特征形成对讲话者的身体特征印象和心理特征印象，前提是对讲话者不熟悉的情况下。基于讲话者的语速和音高，我们还可以对其性格展开预测。有时，这种印象并不准确，而且过往的经验和实际听到的声音的属性对这些预测有同样程度的影响。但是，通常我们的预测都比较准确，甚至不管讲话者具体说了什么话，我们都能对其身体特征有相对准确的预测。

当我们听到男性声音会把低音与权力和力量联系在一起，而音高则与软弱、紧张有关。女性的声音情况则不同。一项关于女性电话营销人员的研究表明，中高嗓音比低音带来更高的销售额。尽管许多研究者不认为放之四海皆准。在很多时候，女性声音比男性声音的状况更复杂，是因为人们对于“性感”的女性声音会有些朦胧的联想。某些研究者甚至在理论上认为某些特定的声音会具有吸引力。因为音高与荷尔蒙的合成和运作有关，可以充当一种信号，甚至对于同性这些声音也会具有吸引力。

研究表明，大部分人倾向于认为高语速的演讲者更加知识渊博。但是，语速慢的情况下听着能够记得更多的内容。关于这个现象的一个可能的解释是讲话者语速慢，可以给听众更多的时间加工和思索信息，另一种可能是讲话语速快会让听者头脑昏沉，因为他们会觉得内容太多，无法即刻全部理解。

在实施声音品牌化策略的过程中，考虑清楚使用何种人声与何种声音内容同等重要。深沉的男声传递权威感和力量感；轻柔的女声或能代表更活泼的天性。说话快会让听者对讲话者印象更深刻、更有好感，但也要付出听着无法获取很多信息的代价。在有的广告中塑造品牌声誉极为重要。因此，提高广告中的语速是明智之举，但在广告里让受众记住其中的信息才是关键，此时选择慢语速的声音则更好[17]。

2.5.3 音效与配乐

不同的品牌有其特色的属性，因此在不同类型的影视作品中，我们能够看到不同的风格类型画面，听到不同风格类型的音效与配乐。

在各个品牌店铺中，其店铺陈列与背景音乐共同塑造的环境氛围所带给消费者的购物旅程体验是不同的。表 2.1 是根据 2014 年 7 月《每日商报》的新闻采访整理出的时尚品牌店铺配乐一览表。通过音乐亦可一窥品牌的声音管理现状。

表 2.1 时尚店铺配乐一览

品牌	实地体验感受	店铺音乐安排
H&M	背景音乐，总体很轻，不易察觉。外文流行乐为主	每个月瑞士总部都会统一各个门店的“歌单”
ZARA	店铺音乐非常明显，都是外文歌，但风格多变，有时爵士，有时摇滚	店铺音乐由西班牙总部直接管理，欧美流行音乐榜单是他们的最爱
Uniqlo	背景音乐轻松明快，店员播报广播时，背景音乐会渐弱但不会消失，结束后，音乐渐强	Uniqlo 将对店铺音乐进行新尝试，根据主推商品来播放主题音乐
MUJI	MUJI 的背景音乐在很多文艺青年中广受好评。清新自然的小乐曲，轻快、舒缓，让人不由自主地沉浸到一个清新、质朴的世界里	为了给顾客营造一种轻松的氛围，MUJI 的背景音乐以民谣曲风为主，从世界各地的民谣中精心挑选出来后进行改编而成。
GUCCI	GUCCI 的背景音乐是比较典型的欧美风格，而节奏相对悠扬舒缓，与其高端产品线的搭配比较和谐	GUCCI 的背景音乐是由公司总部统一控制播放的，各门店的音乐都是同步的
BVLGARI	背景音乐以古典音乐为主，钢琴、小提琴等经典乐器演绎的纯音乐，和门店陈列的珠宝首饰一致，保持着优雅高贵的姿态	相对于一些主要做时尚服饰的奢侈品品牌，BVLGARI 的客群年龄层次可能高一些。背景音乐选择更加沉稳、大气的古典音乐
FERRAGAMO	背景音乐是其每年春夏或者秋冬时装发布秀的走秀音乐	走秀音乐与品牌海报、货品的风格的融合度很高，用在门店里非常适合
HERMES	HERMES 门店里并没有专门播放背景音乐，但是会有音乐声，因为 LED 屏幕会传来声音	为了让顾客更专注于产品，音乐可能会分散他们的注意力。在门店的男装、女装区，分别有一块 LED 大屏幕，全天候播放 HERMES 的时装视频

嗅觉

3.1 嗅觉系统的基本组成

3.1.1 被忽视的感官

人体内感受压力、疼痛和温度觉的感受器分布非常广泛。相反，味觉和嗅觉是“专门觉”，因为他们的感受器非常复杂，集中在局部，只能接受专门的刺激。嗅觉被称为“沉默的感官”，它虽然难以描述，但是不论是自然气味或是人工气味都对我们的生活作出了贡献。

现代科学认为视觉、听觉、触觉为物理感官，而嗅觉和味觉是化学感官。在人类的日常生活中可以闭上眼睛，堵上耳朵，避免接触东西，甚至可以不吃食物，但是无法不呼吸，因为呼吸是我们赖以生存的必要条件。因此嗅觉是人类唯一无法关闭的感官。我们平均每天呼吸 20 000 次，因此嗅觉是最具利用价值的感觉器官，也是人类最原始和最质朴的感官。嗅觉是五感中最为直接的感觉器官，在气味传达到大脑的过程中，气味的信号很难被替代。

人类的嗅觉比味觉要敏感得多，能够分辨多达 10 000 种气味。除了能够发现烟雾和毒气等危险，嗅觉在我们品尝食物时也起着重要的作用。嗅觉会随着年龄而逐渐衰退，所以青年人较老年人能够更加灵敏地区分更多的气味。

在很长一段时间里，人们对于五感中的嗅觉知之甚少，得益于 2004 年诺贝尔生理学和医学奖得主理查德·阿克塞尔（Richard Axel）和琳达·巴克（Linda Buck）对于嗅觉功能与组织的研究，我们对于如何分辨气味有了更多的了解。他们发现了包含 10 00 个不同基因的气味受体基因大家族（占人类基因总数的 3%），从而在分子水平上解释了我们为何在成年时能识别出儿童时代闻到的丁香花味，并能回忆起当时的情景和感觉。嗅觉可以改变人的心情，调查显示在怡人的芳香下，尤其当这种香味能引起美好的回忆时，我们的心情可以得到改善。

3.1.2 大脑对于气味的“解读”

大多数哺乳动物的鼻腔中实际存在着两个独立的化学感受器官：嗅上皮和犁鼻器。一般认为嗅上皮上的嗅觉感受神经元。首先编码不同的气味分子（也称嗅质），随后将嗅觉信息传递到主嗅觉系统，从而引起嗅觉体验；而犁鼻器则编码信息素，并传导至副嗅觉系统，最终引起动物生理和行为发生变化。主嗅觉系统应对非社会性化学信息的处理，如觅食等；而副嗅觉系统则应对社会性化学信息的处理，诸如性行为、攻击行为等。然而，人类的犁鼻器若没有向其他结构的有效投射，也就不存在副嗅觉系统，人类的嗅觉功能完全依赖于主嗅觉系统。

人类识别气味的机制较为复杂，在我们闻东西时，气体分子会撞击我们的鼻道，多数气体分子被吸入了肺部，但仍有一小部分气体分子会和位于鼻孔上部的嗅上皮发生碰撞。嗅上皮位于鼻腔上部分，面积如邮票大小，被黏膜覆盖，在鼻腔顶形成一个嗅觉带。嗅上皮里有 500 多万个嗅细胞，这些细胞分为 350 多种。嗅上皮细胞有毛发样的纤毛丛，气味分子进入鼻腔后溶解在鼻黏膜上皮表面的黏液中，每个纤毛的顶端都存在着感知某种气味的受体，就好像一把钥匙开一把锁，当产生气味的化学物质与相应受体结合时，受体就会被激活并产生神经冲动，这些神经冲动沿着神经纤维传导至嗅球内的嗅小球上。一种气味通常会刺激多种嗅细胞，产生一种独特的电脉冲，数量惊人的电脉冲可以让人们随时随地辨别出多种不同的气味，这些电脉冲沿着嗅觉神经传导大脑，使人们分辨出各种气味（图 3.1）。

嗅束将信息投射到初级嗅皮质：嗅前核、梨状皮层、内侧嗅皮层、嗅结节、和杏仁核。从初级嗅皮质出发，嗅觉信息几乎被传递到整个边缘系统。次级嗅皮质包括眶额皮质、脑岛、下丘脑、海马、背内侧丘脑以及更多的杏仁核子核团。这一复杂的神经网络提供了气味在摄食、情绪、自主神经反应和记忆等过程中产生作用的生理基础。

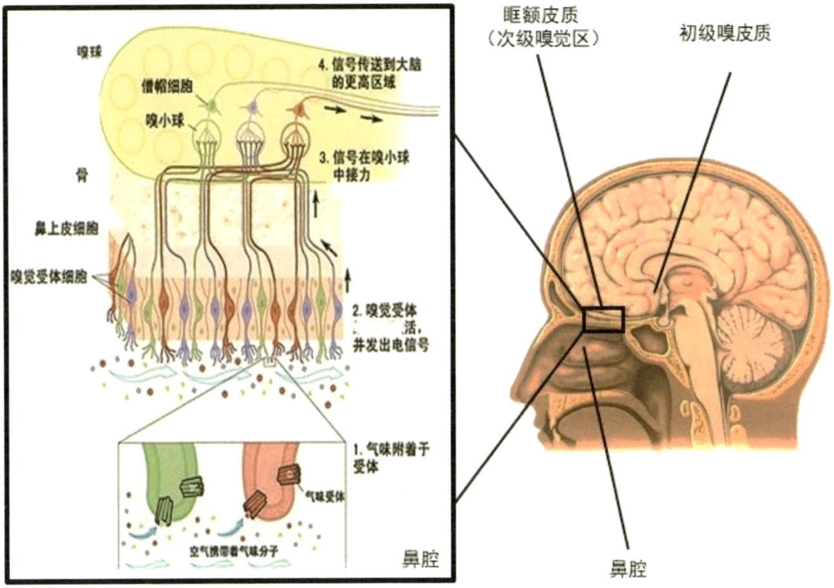
嗅球
僧帽细胞
嗅小球
4. 信号传送到大脑
的更高区域
3. 信号在嗅小球
中接力
骨
鼻上皮细胞
嗅觉受体细胞
2. 嗅觉受体
活，
并发出电信号
1. 气味附着于
受体
气味受体
空气携带着气味分子
鼻腔
眶额皮质
（次级嗅觉区）
初级嗅皮质
鼻腔
图 3.1 嗅觉信息的传递

3.2 神经科学中对于嗅觉的探讨

3.2.1 嗅觉特征

（1）嗅觉的敏感度

嗅觉会受到空气的湿度和温度的影响，因为它们可以影响气味分子的振动和传播。由于嗅觉中枢和大脑边缘系统以及中央系统联系紧密，因而嗅觉的感受性与植物性神经系统的活动以及内分泌腺的活动有着密切的关系。因此，饥饿可以使嗅觉感受性提高，女性嗅觉感受的改变会受到月经周期变化的影响。有些人会丧失对某种气味的感受，但是有时嗅觉的缺失又是暂时性的（比如感冒）。

（2）嗅觉的适应性

嗅觉的重要特点之一是习惯，当我们持续感受一种气味时，感觉的强度通常会持续降低；反之，当气味消失一段时间后，我们重新嗅闻时则又可以立刻感知到它的存在。这种感觉的灵敏度受到刺激的时间和强度影响的现象称为“适应”。

嗅觉适应有两种方式：自我适应，即对气味的敏感度是根据气味被闻到的时间及气味强度而确定的；另一种则是交互适应，即鼻子对某种特殊气味的适应会影响对其他气味的灵敏度。

（3）嗅觉与年龄

儿童一般对气味有很强的容忍性，也就是说这些气味对他们无关紧要。但到了某个特定的年龄之后儿童对气味的喜好就有了显著改变。改变一般出现在青春期，这与性荷尔蒙的产生有关[18]。青春期的年轻人会突然喜好曾经讨厌的气味（如麝香），而排斥曾经喜好的气味（如草莓）。随着年龄的增加，人们对于气味的反应会越来越主观，而且更加富有想象力，这种现象会一直持续到感觉减弱或麻木为止。多数人在五十到六十岁的时候，嗅觉感知能力都还保持稳定，但是年纪越大，对气味的敏感度就会越低。而且这种能力的丧失较为缓慢，以至于通常毫无知觉。

（4）嗅觉与性别

一般认为在青春期之前，男孩和女孩的嗅觉能力大致相同，青春期之后逐渐开始有显著的区别。在一些标准的气味识别和检测实验中发现：不论年龄和种族，在同一种族间女性对气味的感知能力往往比男性好[19]，见表 3.1。

表 3.1 不同种族男女气味识别得分

嗅觉分数		
组别	男性	女性
日本人	29.5	32.9
黑人	32.4	34.0
白人	33.6	34.2
韩国人	36.6	38

资料来源：Doty,Richard L.,Applebam,Steven,Zusho,Hiroyuki,Settle,R. Gregg（1985）

3.2.2 嗅觉与记忆

气味是否可以唤起记忆？国外研究人员就这一情况专门做过一些试验，他们让志愿者在某种气味弥漫的环境中（不分好坏）做一些让他们有压力的事（用十分钟准备一篇演讲稿或完成某项任务），当下一次再次闻到当时压力下的那种味道时，这些志愿者即使在没有任务的情形下，也会觉得心慌气短，精神压力骤增。之所以会有这样一种反应是因为嗅觉和记忆是紧密相连的，主要的嗅觉区域——梨状皮质和大脑的记忆区域——海马体是"邻居"，且有很多神经纤维质相连，所以会相互作用[20]。

人类的记忆依据不同的方式可以分为：短暂记忆和长久记忆；外显记忆和内隐记忆；回顾记忆、插曲式记忆以及语意性记忆。插曲式记忆和语意性记忆的区别相当重要，因为有插曲的记忆，我们可以记住很多事情，包括大多数生活场景；因为有语意相关的记忆，我们可以辨别现象和物体，并用语言来描述它们。

插曲式记忆保存人经历特殊事件的记忆，是自传式的记忆，即个人自身的知觉经验，特别着重于事件和环境背景；而语意性记忆是普通的、无条件的记忆，即所储存的讯息或事实对他人来说也是正确的，没有关于个人的经验，例如各种概念和文字的意义等。

在嗅觉方面，语言扮演的角色不重要，因为很多气味我们完全或几乎不能描述。虽然有清楚的嗅觉感受，却无法辨别气味的来源，或者知道发出气味的物质。这意味着在语意范围内，我们追溯气味的能力非常有限。看见香蕉的人，可以不费吹灰之力就辨别出它的气味，但若要将香蕉放入不透明的广口瓶内，上面再覆盖棉花，辩认时就会遇到很大的麻烦（Richards & Zucco，1989）。这可能是因为气味主要刺激边缘系统及大脑皮质右侧，而这两处均不是处理语言的主要区域。这或许也是女性描述气味时表现比男性好的原因，女性大脑半球间的交叉联结发展得比较好，彼此的联系比男性强烈。

内隐记忆也在嗅觉上扮演重要角色。它储存的是我们无意识的、不费力的，甚至未察觉的东西，但却影响着我们的行为。虽然我们并不会记忆某些气味，但是信息会进入内隐记忆中影响我们的心境，只要一触及气味的引线，回忆就会同时浮现。换言之，气味可以活化记忆，就算是无法描述出气味的名称，或对该气味进行描述，嗅觉仍是重要线索，帮助人们记忆起遗忘的经验和过去的事情。气味与记忆的连结有助于学习。当我们在充满某种气味的房间中学习时，之后来到充满同样气味的环境中会有助于回忆学习的内容[21]。理论上，任何气味都可以经过情景训练来帮助记忆，不带情感的中性或陌生的气味因为较容易与新的状况连结，效果最好。嗅觉记忆具有以下三种特性：

① 嗅觉可以提供“嗅觉景观”，因为嗅觉可以区别特别的气味，让人得以联想到特别的事件或情景。

② 嗅觉记忆绵延长久而精确，嗅觉让人容易回忆起现存或过往的场所经验。

③ 嗅觉与人的情感有强烈的反应，接触到某些特殊的气味即会引起强烈的情感感应。

3.2.3 嗅觉与情绪

嗅觉和情绪系统的加工在解剖位置上高度重叠。参与嗅觉加工的中枢结构主要包括杏仁核、海马、眶额皮层和脑岛（Neville & Haberly, 2004），它们也是加工情绪的主要结构。嗅觉对情绪的作用微妙而显著。有学者研究了背景气味对等待在牙医办公室人们情绪的影响。他们采用柑橘气味，让等候看牙医的病人作为被试者，被试者被分为实验组和控制组，在等候的过程中，实验组所处的等候室里通入橘子气味，而控制组则没有通入气味。暴露在柑橘气味环境中的病人（特别是女性）有更低水平的焦虑，更积极的心境，这表明柑橘气味有令人放松的效果[22]。Chebat 和 Michon 的研究也发现商场中的气味也能够影响顾客对商品的评价和顾客的购买行为[23]。此外，气味对情绪的影响还具有一定的性别差异。相同的气味在男性和女性被试者中可能产生不一样的情绪体验。例如丁香酚油相较男性被试者可以让女性被试产生更强的积极情绪和更弱的消极情绪[24]。

对于气味的印象其实有很多是本能性的反应，回想一下第一次闻到榴莲味，有的人下意识地皱起眉头，退避三舍，而有的人却甘之如饴，由于之前没有闻过榴莲味，所以这样的反应是下意识的。我们对于气味的反应相较于其他感官更为直接和感性，这是因为嗅觉是唯一可以绕过丘脑直接进入大脑皮层的感官，或许这种神经解剖上的捷径使得嗅觉可以独立于人的主观意识。西方的芳疗也是基于气味对于情绪的调节作用，调配具有各种情绪改善功能的复方精油。

一些近期的脑成像研究考察了嗅觉刺激情绪效价的神经生理机制。有研究显示难闻的气味会激活杏仁核和左侧眶额皮层，而愉悦的气味则会使梨状皮层和右侧眶额皮层产生激活[25]。Royet 等发现气味的情绪效价会使得腹侧脑岛产生激活，并且反应模式和被试者利手相关[26]。该研究选取了 28 名被试者，并匹配了利手和性别这两个变量。研究人员给被试者闻愉悦和不愉悦气味，利用利克特量表（Likert Scale）评估气味的愉悦性程度，并采用 fMRI（功能性磁共振成像技术）记录被试者的大脑活动。结果发现，不愉悦气味激活了杏仁核 - 梨状皮层区域和腹侧脑岛，并且右利手被试者左腹侧脑岛对难闻气味的激活更大，而左利手被试者则右腹侧脑岛产生更大的激活。另外该研究还发现对气味愉悦性的评估引起了左侧眶额皮层的激活，表明该区域是有意识评估气味情绪效价的主要区域；女性左侧眶额皮层比男性的激活程度更大，这为解释女性在气味辨别能力上优于男性提供了生理证据。

不同的气味会使自主神经系统产生不同的反应模式。心率一般与气味的愉悦性相关；皮肤电一般与气味的唤醒程度相联系。有研究比较了口头上表达的情绪和生理上产生的情绪唤醒，发现愉悦气味基本产生积极的情绪；不愉悦气味被报告为恶心，相应的自主神经系统的反应却类似于愤怒情绪下的反应模式[27]。还有研究者让被试者吸入各种气味，并记录皮肤电、皮肤温度、血流量、心率、呼吸等各项自主神经反应指标，然后将这些指标与 Ekman 所得出的基本情绪生理指标进行匹配，结果发现不同的气味导致不同的情绪，如丁酸和乙酸主要产生消极情绪——愤怒或者厌恶，薰衣草气味则诱发高兴的反应[28]。

3.3 嗅觉审美

3.3.1 地位的演变史

美国作家海伦·凯勒曾经说过："嗅觉就像一个强大的巫师，他能瞬间让你置身千里之外，又能帮你在时间隧道中追忆似水年华。"在我们所有的感官中，嗅觉是最原始的，也是最根深蒂固的。我们的祖先依靠嗅觉寻找食物和同伴，并洞察危险的存在。当我们闻到某种气味时，我们的鼻腔内的"气味接收器"会开发一条"畅通无阻的捷径"，迅速地将气味传达给大脑的边缘系统，该系统控制我们的情感、记忆和幸福感。因此我们"内心的感觉"会瞬间产生。柏拉图和亚里士多德认为嗅觉是处于"抽象感觉和非抽象感觉的结合点上的"，是我们很难去具体形容和描述的感觉。

然而，嗅觉在人类五感中常被认为是最不重要的，因为失去嗅觉并不会立即产生任何生命危险，也不会给生活带来太多的障碍，因此我们一直低估了嗅觉在日常生活中的重要性。西方哲学家柏拉图、亚里士多德、笛卡尔和康德都低估了嗅觉，并认为其无关紧要，甚至认为嗅觉是粗俗的动物感官。这使得长久以来人们对于嗅觉感官的认识一直没有重大突破。

但是，嗅觉的重要性和特殊性在于：相对于其他感觉——视觉、听觉、味觉、触觉，嗅觉是无处不在的。当不喜欢某个事物时，我们可以不看、不听、不吃或者不碰，但是嗅觉恐怕不行，因为人活着必须要呼吸，呼吸的过程会自然而然产生嗅觉。除此之外，嗅觉与众不同的一点是，它可以非常快速准确地触发人的记忆，当我们闻到某种味道时会自然而然地联想到自己曾经的某种经历。这是一种非常特殊的体验，也是嗅觉一项可以大加利用的特性。

历史上关于嗅觉的地位的看法是十分复杂的。柏拉图公开指责芳香剂的使用，在他看来芳香剂是妓女的专用品；他的老师苏格拉底则认为气味可以反映一个人所属的社会阶级，即气味具有某种信息价值。佛洛依德声称“我们与动物有别，因此几乎可以不需要去嗅味，正像我们不需要拖着一条尾巴一样”，这种想法并不荒谬，许多气味比空气要重一些，因此贴地而行的动物嗅到的气味多于直立的人。

3.3.2 气味与医疗

在科学革命、启蒙运动和工业革命期间，人们强调的是知识，对于和情感及身体相联系的嗅觉抱有同样轻视的态度；到了18、19世纪，促使人们对气味关注的推动力主要来自医疗领域，由于缺乏对于传染性疾病的性质和根源的了解，医生和研究人员当时将各种流行病和令人不悦的气味联系起来。例如当时认为如果吸入垂死之人呼出的毒气可能会丧命。医生们则采取这样的防护措施：他们用固定的一只手检视病人，另一只手则用来拿他们的鼻罩，鼻罩里面放进琥珀、硫磺和某种熏香用以抵御毒臭的气味。

由于人们认为气味可以透露发生在一个人身体上的种种变化，当时还发展出一套通过汗液、呼吸、血液、尿液、唾液、溃疡、脓包、甚至脚趾甲缝和腋窝内的气味而进行身体诊断的系统。这种通过气味来判断疾病的方法在我国中医中也有迹可循，如中医理论著作《难经·十三难》记载："五脏各有声色臭味，与寸口尺内相应，不应者病也。"中医的"望、闻、问、切"中的闻诊就包含了嗅诊这一方法。此外，当时人们还通过熏香等方法用气味进行治疗，芳香疗法、渗透疗法以及草药沐浴等气味治疗应运而生。

3.3.3 气味与宗教

人们一直认为气味和精神世界息息相关，古往今来的诸多宗教，无论规模大小、身处何方，都与气味结下了不解之缘。

东方佛教中的传世佛经诸如《佛说戒德香经》《六祖坛经》《华严经》《楞严经》《大唐西域记》等，皆有涉香记载；佛经所载香品种类难以计数，基本涵盖了当世所用之大部分香料；关于烧香供养的记载也涉及香水、涂香、烧香、含香、线香等众多门类。佛家认为，香与人类的智慧、德性有着特殊的关系，故而常以香为修持法门，认为它能沟通凡圣，既是最特殊的供品，也是疗疾的良药。香与佛教之间这难以割裂的渊源是东方香文化的独特处之一。东方香文化，也因佛教经义的渗入，别添了一重神秘庄严的意义与修身养性的奇趣[29]。

根据圣经《马太福音》第二章第十一节记载，来自东方的三贤士带了黄金、乳香（图 3.2）和没药去伯利恒朝圣，将其奉献给降诞于人间的耶稣。古时乳香的价值曾经等同于黄金，一直是统治者权力和财富的象征之一。这种芳香的树脂在古代需求量很大，被广泛应用于宗教祭祀、丧葬仪式和人们日常的庆祝活动中。古人相信乳香的烟雾会把他们的祈祷带入天堂。在埃及，祭祀大量焚烧乳香在神庙中制造异香缭绕的神秘气氛用以祭祀神灵。

香水源自美索不达米亚平原，作为焚烧动物尸体、献祭给诸神时，使气味甜美的馨香之用，它也用在驱魔意识中，用来治疗病人。香水（Perfume）的拉丁资源告诉了我们它的由来：per= 透过（through）+ 冒烟（fumar）。把香丢入火中，即可在天空中产生超凡脱俗、充满魔力的烟，刺激鼻子，仿佛喧嚣的灵魂用爪扒出路径，回到人体。尼禄为了让波帕伊的灵魂找到通往死后生活的正道，就点燃过成吨的熏香。

焚香的烟回归尘土，但是熏香却被视为可以攀附进入神域的方法。在闻名的巴别塔宝塔形的建筑顶上，祭祀点燃成堆的馨香用于接近诸神。在埃及新王国时期（公元前 1558—公元前 1085 年）哈特谢普苏特女王（Queen Hatshepsut）统治时，全国人民为香气所倾倒，女王建造了大型植物园，

图 3.2 乳香：乳香树及同属植物树皮渗出的树脂

并在她的宫殿祭坛上燃香。埃及人除了在宗教仪式中大量使用香水和馨香，在日常生活中也涂抹香水，用以驱除魔蛊。在中国也能找到很多用香来祭祀及举行典礼用香的记载，例如祭天地、祖先、亲耕礼等。

3.3.4 气味与阶层

气味在许多文化中成了划分阶层的标记，因为有些香料只有富人才买得起。人们闻气味的不同方式可以定义出完整的等级分层。许多帝王将相拥有自己的专属香气，埃及皇后克里奥帕特拉（Cleopatra）就曾将船帆浸满自己的专属香气迎接马克·安东尼（Marc Antony）的到来。法国皇后凯瑟琳·德·梅第奇（Catherine de Medici）拥有私家香水师，为了确保无人能窃取或复制她的香水配方，她和香水师要通过一条秘密通道进行联络。

在中世纪，大多数人一年只有一次洗澡的机会。领主和贵妇有多次洗澡的特权，可以避免散发出令人不快的气味，从而显示出自己和农民阶层的地位差别。洗浴习惯作为财富阶层的区分标志一直延续到工业革命时期，甚至直到自来水系统出现也还是如此，因为入室管道一开始也是少数富人才能定制的奢侈品。淋浴和浴缸设备成为大多数家庭的居家标配也是近代的事情了。

3.4 嗅觉与设计

3.4.1 气味贩售

在奢侈品行业中，香水行业是一大产业，香水的毛利高达 90% 以上。根据欧睿国际数据显示，2018 年全球香水市场规模达到 510 亿美元，增长率 2.4%。美国、巴西是全球最大的 2 个市场。其次分别是德国、法国、英国。每年都有 300 多个新款香水问世，由此可见贩卖气味已经成为一项很不错的买卖。

一瓶小小的香水，动辄成百上千，人们为何对香水如此趋之若鹜呢？在电影《女人不坏》中，周迅饰演的女医生研制出了一种费洛蒙香水，可以让异性拜倒在她的石榴裙下。这或许有些夸张，但有不少研究揭示人体气味或许承载着社会化学信息。在嗅觉系统的内容中曾经介绍过，哺乳动物具有两套嗅觉系统。主嗅觉系统应对非社会性化学信息的处理，副嗅觉系统则应对社会性化学信息的处理。虽然人的犁鼻器并未投射到有效的脑区，但是现有的一些实验表明虽然这些包含社会性化学信息的人体气味并不明显，但是确实对人产生了影响。以“例假周期同步”为例，研究者收集“主导者”腋下的汗水，让参与实验的女子擦在上唇，另一对照组则是擦一般的医用酒精。4 个月后，前者的周期趋于一致，而对照组则维持不变。另外要介绍的一种信息素是“雄甾二烯酮”（Androstadienone），这种物质广泛存在于男性皮肤、腋毛、血浆中，雄甾二烯酮可以有效提升女性的注意力水平并防止情绪变坏。用 PET 记录被试者的大脑活动，结果发现：雄甾二烯酮激活了异性恋男性、异性恋女性和同性恋男性的下丘脑部位[30]。除下丘脑之外，雄甾二烯酮影响的脑区还包括眶额皮层、杏仁核、海马、视皮层、丘脑等，这被认为它对情绪和注意具有积极作用[31]。

人们对于气味的迷恋可能还源于对于后天的气味印象和气味联想。我永远记得 6 岁那年的六一儿童节，那个时候肯德基刚刚入驻上海，选址在外滩上海东风饭店（图 3.3）。作为儿童节的庆祝，我第一次吃到了“洋快餐”。如今我还记得踏入店铺的那一刹那，充斥着鼻腔内的奶油味、炸鸡味和浓浓的土豆泥味，这些记忆如此鲜活，不断构筑和强化肯德基这个品牌给消费者的直观印象。如果说到星巴克，你可能想到的就是浓浓的咖啡味吧？据说为了最大限度突出店铺的咖啡味，强化星巴克在顾客心目中的品牌印象，星巴克现在在店内较少供应热食。这些品牌和气味的关联可以很好地强化品牌在消费者心目中的标识度，而将良好的顾客体验和气味进行关联，可以有更加积极和稳定的气味联想，形成稳固而正面的品牌形象。也有科学实验证实了环境香气对品牌（包括知名品牌和非知名品牌）评估、关注及记忆的影响。实验将属于知名品牌和非知名品牌的商品分别展示在有香气和无香气的环境中，用计算机记录了消费者的店内停留时间和评估商品品牌的时间，一段时期后，再次测试这些消费者

图 3.3 1989 年上海第一家肯德基餐厅落户外滩东风饭店

对品牌的记忆。实验结果表明，香气在其中发挥了很好的调节作用，可加强人们对非知名品牌的记忆。

3.4.2 气味的分类

（1）中国古代的香味分类方法

由于古代的科学技术及交通运输能力有限，香料的种类并不是特别多，但是上至王公贵族下到平民百姓对香料的喜爱和依赖让香文化的发展得到了不断延续。秦汉时期，随着丝绸之路的开通，沉香、青木香、苏合香、鸡舌香等异邦香料开始逐步输入中原，不断丰富了香的品种。到了魏晋时期，用香、品香成为王公贵族的重要社交活动。

中国古代对于气味的分类方法有很多，有的从香料本身进行介绍，如李时珍的《本草纲目》中专辟有“芳香篇”，它列入近 60 种药用香料植物的性质、用途和功能等；有的是按照香的调配——即“香谱”进行分类介绍，有宋朝进士洪刍撰写的《香谱》，陈敬的《陈氏香谱》，叶廷圭的《名香谱》等。洪刍对龙脑、康香、白檀、苏合香、郁金香、丁香、兰香、迷迭香、芸香、甘松等81种香料的产地、性能、应用、典籍出处等有较详细的描述，在复方配料应用方面列出了21种日用化妆、食用香料的配方和简单的加工方法，这些都是生活实践经验的结晶；还有的从香的配置、香事、香的使用场合、香的典故等方面旁征博引，比如周嘉胄的《香乘》可谓香料的百科全书。《香乘》原二十八卷，约九万三千余字。著有香品五卷、佛藏诸香一卷、宫掖诸香一卷、香异一卷、香事分类二卷、香事别录二卷、香绪余一卷、法和众妙香四卷、凝合花香一卷、熏佩之香、涂傅之香共一卷、香属一卷、印香方一卷、印香图一卷、晦斋香谱一卷、墨娥小录香谱一卷、猎香新谱一卷、香炉一卷、香诗香文各一卷。内容涉及香之名品，香之调制，香之鉴赏，咏香之诗句，香之逸闻趣事，以及香之食品等。作者耗时约三十载，搜罗各种素材，最终著成了包罗万象的香典大成。

（2）扑却的挥发性分类

1954年4月法国著名调香师扑却在《化妆品化学会志》中发表了他按香料香气挥发度来进行分类的结果。他耗费了整整四年的时间，评定了共330种天然和合成香料及其他香料物质，依据它们在辨香纸上挥发留香的时间长短来区分头香、体香和基香三大类。

他将各种要试验的香料，经过细致的筛选保证是真正的原货且质量纯净，同时需要对香料进行溯源——天然香料需要确认产地，而合成香料则要明确原料。扑却把不到 1 天就嗅不到香气的香料定为系数“1”，不到 2 天的定为系数“2”，其他以此类推，将这 330 种香料分别定为 1-100 的系列（最高为 100）。

扑却香气分类法的中心，是基于各种香料间的香气相对挥发度的差别。但用个体嗅觉去判定一个香料香气的相对挥发度（在常压室温下的挥发时限）时，什么时候确定为“嗅不到的时间点”成为关键问题，因为有些香料特别是天然香料往往是一种复杂成分的混合物，它的最初香气与最终香气有可能是很不相同的，在挥发的过程中会逐渐失去它本来的香气典型特征，这些就要依靠评辨者的敏锐嗅觉来判断。所以说，扑却的判断结果包含了很多主观非科学的成分在其中。

（3）皮斯的“调性”分类

法国著名调香师查尔斯·皮斯（Charles Piesse）认为香感与音乐感相似，优美的香气对人的作用，就像悠扬的音乐和优美的旋律一样能陶冶人的心灵。音乐的旋律变化、声波的长短强弱，在人体所引起的反应不同，香气的香型变化、气味强弱对人体的影响也能有类似的作用。皮斯通过将香型与旋律进行比较，首次用艺术的观点提出调香的和谐、协调概念。虽然这种方法最后并没有成功推广，但是有些和音乐有关的术语却保留到现在。

（4）麦克·爱德华（Michael Edwards）香轮

香轮（Fragrance Wheel）是麦克·爱德华1992年开发的香水分类系统，显示了每个香水系列之间的关系（图3.4）。目前这种香味的分类被人们广为接受，零售商通常使用香轮来帮助消费者理解不同气味之间的关系，并建议选购属于相同或相似类别的不同香水。香轮将气味分为花香调、东方调、木质调和清新调共四种大基调，同时又进一步细分出了14个香族，毗邻的香调之间有一定的关联性和共通性，相互之间可以进行转化，例如：柔和花香调添加橙花和甜香后转化为东方花香。

花香调
东方调
木质调
清新调
东方花香调
柔和东方调
东方调
木质东方调
木质调
甘苔木质调
干燥木质调
芳香草本
柑橘调
水生调
绿叶调
果香调
花香调
轻柔花香调
麦克·爱德华香轮

图 3.4 麦克·爱德华香轮

3.4.3 品牌气味设计

如今，踏入一些时尚店铺或者酒店，我们可以嗅闻到越来越多的品牌专属气味。企业充分利用气味的感性特质来诠释品牌特性，增强和固化品牌在消费者者心目中的地位。酒店行业也是全球较早采用嗅觉帮助品牌营销的领域，并且，在欧美酒店业已经形成相对成熟的嗅觉营销标准。以洲际酒店集团为例，其旗下“智选假日酒店”最重要的诉求之一在于“洁净”，因此，品牌香氛中就会加入令人放松的柑橘类精油和松木、桧木等拥有净化空气效果的精油；相比之下，更强调“奢华体验”的洲际酒店会选择兰花、百合等精油调制出尊贵雅致的氛围。

当你步入英国航空的头等舱以及纽约肯尼迪机场或伦敦希思罗机场的头等舱候机室，最先引起你注意的就是独特的气味，这是一种叫作牧草（Meadow Grass）的芳香剂。航空公司在定期航线上往空中喷洒这种芳香剂，以加强公司在其最有价值顾客群中的品牌形象。这种区别于视觉以及体验的感官新体验独树一帜，营销效果非常好。

英国高档衬衫零售商托马斯·彼克耐心地研制一种个性化气味，在纽约、旧金山、波士顿和圣弗朗西斯科新开的商店中放置传味器，当顾客经过时，传味器就会散发一种新鲜的、经过清洗的棉花味道。这种味觉享受让人迅速有了价值联想。

卡夫食品（Kraft Foods）在杂志上所做的广告也很好地

利用了气味，读者只要对杂志广告中的某几个点进行摩擦，就会散发出广告产品的味道。以卡夫 Philadelphia 奶油奶酪的一则整页广告为例，广告呈现了一个草莓奶酪蛋糕的图片，经摩擦后，照片会散发出这种甜品的香甜味道。

在明信片大小的广告插页上，铺上许多微小的香油滴，并用特殊技术使油滴不会裂开溢出。只要撕开插页，便会有某一品牌的香水味徐徐逸出。这种传播嗅觉符号的香页广告使著名的英国劳斯莱斯汽车公司受到启发，让读者在香页上闻到该车车座的高级皮革香味。

新加坡嘉华影院安装了散发香味的电子装置，影片《查理和巧克力工厂》放映时，放映厅内弥漫着浓郁的巧克力香气。其结果是多数观众选择到嘉华影院来观看这部电影，可见味道对人的影响甚大。

据了解，目前国内酒店定制香氛服务普遍收费为每月 4 000 ～ 5 000 元，对于众多愿意砸重金打造品牌特质的品牌商而言，这种服务性价比相当高，而对于消费者来说，具有专属气味的酒店更能在有形和无形中提升品牌在消费者心中的价值。

在进行嗅觉识别系统设计时需要考虑以下几点：

① 品牌特质的传递

气味的设计需要从品牌属性、历史背景、文化背景、品牌特征等方面着手，这样的设计可以更好地加强消费者的品牌联想，强化品牌印像。例如：登喜路的以马具起家的历史背景深入人心，因此在气味设计时强调了皮革的味道；慕思床垫品牌起源于广东，所以其气味设计则选择了姜花——一种在中国南部广受喜爱的植物气味作为香氛主调。

② 使用场合及功能

气味可以根据功能需求不同进行设计。例如健身房气味的关键需求在于保护呼吸道，防止哮喘，抑制汗味；SPA 中气味的重要诉求则在于抑制潮湿；而餐厅气味则需具备令人舒适愉悦的功能。

③ 气味发生设备的选择

气味发生设备主要有空调空气加香系统、酒店自动加香系统、酒店喷香机、宾馆/酒店加香机等。酒店运用较多的是自动香氛系统，可以根据使用环境，将扩香时间的长短、浓度和频率预先一次性程序设置，在设定的时间段内循环雾化，实现周期性智能设定。

3.4.4 气味数字化

随着气味定制的深入人心，气味数字化是未来气味营销的发展方向。数字化气味的原理是利用一个电子鼻和一个气味发生器通过因特网来传送种种气味。电子鼻可以把气味转变为电子信息，而在线路另一端的气味发生器在接收到这一气味信息后就可混合出真正的气味来。有了这个装置，你可以通过互联网，在海边度假时让远在另一头的亲人同样闻到海水咸湿的味道，你也可以在吃烧烤的时候给好友打个“气味电话”深夜“放毒”，这种听来异想天开的设计未来可能成为现实。

杭州的气味王国是一家专注于数字嗅觉技术研发和场景落地方案提供的技术导向型公司，通过解码来重构和虚拟各种气味。目前，公司已经收录了十万种气味，并解码了上千种，包括日常生活中可接触到的食物、花草、汽油等和受限地理环境远离生活的奇特气味。解码完成的上千种气味被装置在“气味盒子”中，里面有高分子压缩的浓缩型原料，可释放出足够饱和的气味。考虑到气温、压强、环境对气味的影响，气味王国通过微机电结构控制气味的比例、组合效果、时间节点等，实现契合式的气味释放。该公司已为《神奇女侠》《三生三世十里桃花》《侠盗联盟》《猩球崛起》《深夜食堂》等7部电影提供了同步气味，且基本每部电影都提供7～8种气味。

气味的数字化大有可为，配合VR设备直接播放气味，可以更好地增强场景体验（图3.5）；在教育场景当中，可以根据教学内容为学生播放不同的气味，提高教学效果；如果是配合户外广告，消费者只要站在广告牌前，触发机关后就可以闻到广告牌当中产品的气味。气味元素甚至还可以运用到消防演习当中，模拟硝烟的气息，让演习更具真实感等。

图 3.5 VR 设备上搭载气味发生器

味觉

4.1 味觉系统的基本组成

4.1.1 味蕾

味觉的感受器就是味蕾，主要在我们舌头之上，此外，有少量淘气的味蕾长在咽喉、软腭、嘴唇，多见于儿童。“味蕾”一词是 19 世纪德国科学家乔治・梅思纳和鲁道尔夫・瓦格纳命名的，因为他们发现味觉细胞的形状像花蕾一样。通过电子显微镜扫描，可以看到人类的味蕾像一座座小火山（图 4.1）。实际上，味蕾非常小，成年人大约有一万个；每个味蕾中有很多味觉细胞，能感知约 50 多种味道。这 50 多种味道由 5 种基本味道组合而成，除了我们认识的“酸甜苦辣”外，又由日本学者提出了第 5 种“鲜”的味道。这些味道在舌头表面上的敏感区域如图 4.2 所示。舌尖可以更好地品尝甜味，舌头后根往往会尝到苦味，舌头的两侧容易品尝到酸味，而舌头的前部是品尝咸味的主要部位。所以在舔冰淇淋、棒棒糖的时候，我们常会用舌尖接触，因为集中感知甜味的味蕾

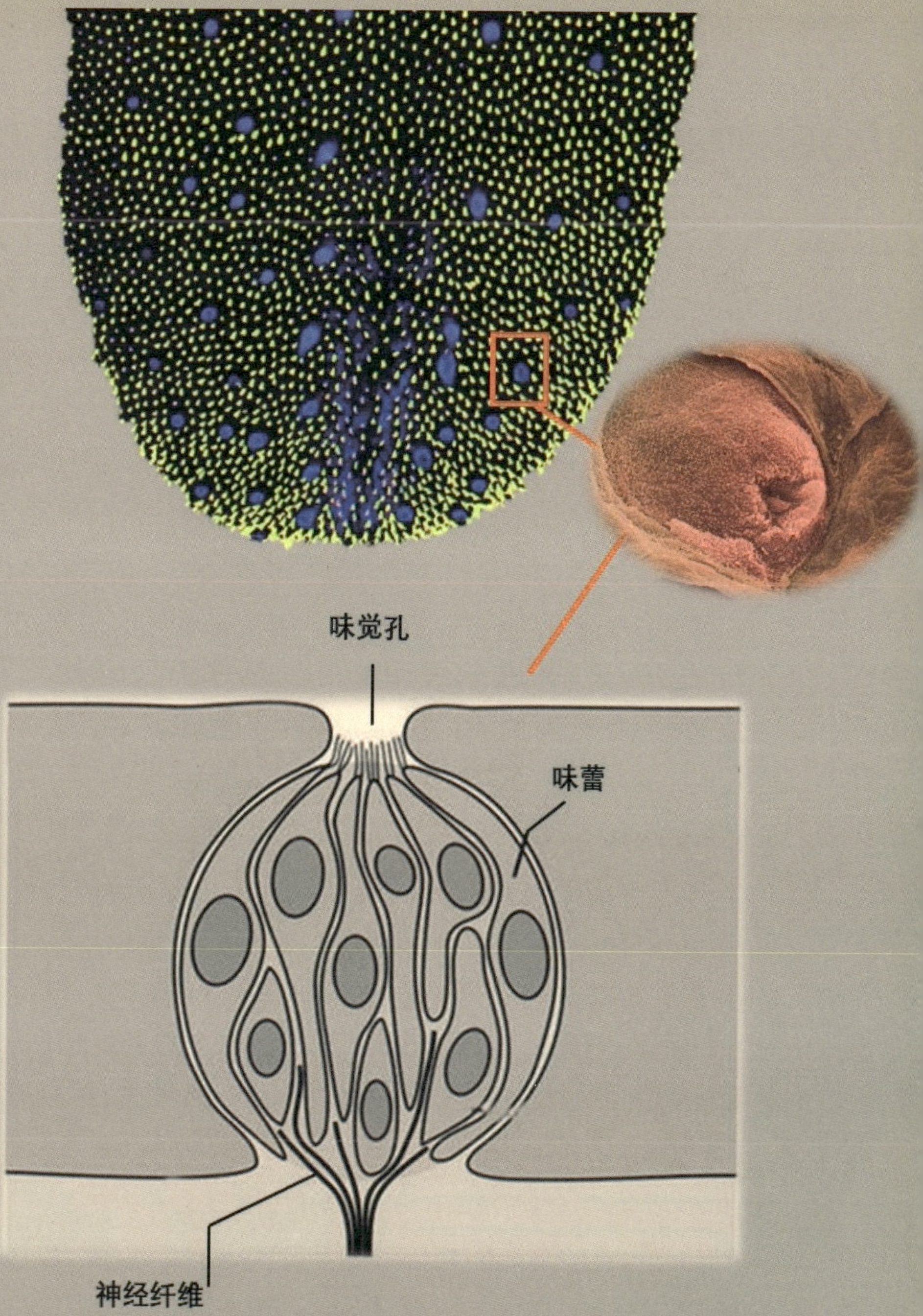

图 4.1 味蕾示意图

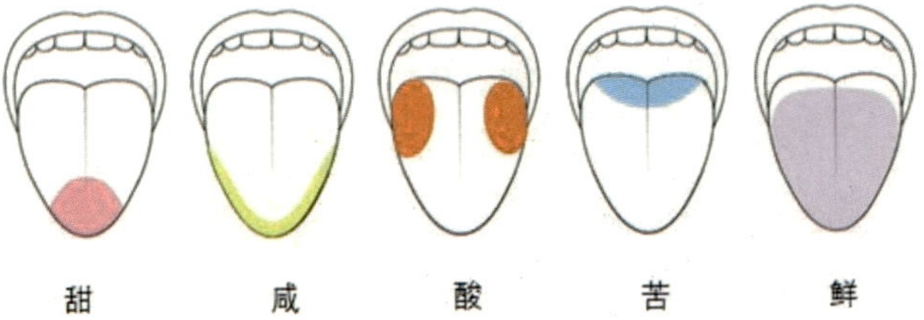

图 4.2 五种基本味道在舌头上的敏感区

就在舌间，可以带给我们特别的满足感，而放在舌下的糖块就觉得没有放在舌头上甜。

每隔一周或十天味蕾就会磨损，随后进行更新，但过了 40 岁之后更新的速度会逐步放慢。相比人类而言，动物的味蕾更加丰富。例如兔子有 17 000 个味蕾，鹦鹉约有 400 个味蕾，而奶牛有 25 000 个味蕾——或许奶牛需要这么多味蕾才能享受单一的青草食谱。

味蕾能够在不同浓度下探测到不同的味道，浓度为 1/200 时就能探测到甜味，咸味的浓度达到 1/400、酸味的浓度达到 1/130 000 就能被感觉到，而苦味只需要浓度水平为 1/2 000 000[32]。

婴儿的味觉最为敏感，他们口腔中的味蕾比成年人多，刚出生的婴儿味觉最为敏感，甚至在脸颊内侧都分布有味蕾。儿童偏爱糖，部分原因是他们的舌尖对糖更为敏感，还未因暴食或饮食过烫的食物而变得迟钝。随着年龄的增长，硬腭会变得迟钝，这时就需要更重的口味才能带来同等的反应；老年人都比较喜欢甜食，主要原因是人的味蕾也会衰老消亡，存活最长的就是舌尖擅长感知甜味的味蕾。

4.1.2 味觉的神经通路

每个味蕾里大约有 50 个味觉细胞，忙碌地将信息传递给神经元，再由神经元提醒大脑。味觉是一种化学感觉，我们对于咸味的感知，是味觉细胞接受到 Na^+ 离子，盐的主要成分是 NaCl，所以我们把盐作为咸味的代名词。另外，酸味的感知也很容易理解，H^+ 离子被味觉细胞捕捉到，就会传达酸味,我们定义酸性物质是用含有 H^+（氢根）的无机物。对于最近定义的“鲜”味，是由蛋白质分解出来的氨基酸被味觉细胞捕捉到的。这就是为什么我们吃富含蛋白质的肉类会觉得鲜美。

化学信号转换后，细胞会发出一个信号到背侧延髓的味觉核团，然后在丘脑腹后内侧核（VPM）中经过突触。最终 VPM 与位于脑岛和脑盖中的初级味觉皮质形成突触连接。初级味觉皮质与眶额皮质的次级加工区域相连。我们体验到的复杂味觉是由味觉细胞将信息传递到眶额皮质加工整合后得到的。眶额皮质似乎在摄入食物带来的愉悦感或奖赏价值中起到作用，这也是为什么我们会“化悲愤为食欲”——大吃一顿后心情就转好了。

基本的味觉提供给大脑关于摄入食物的信息：鲜味的感觉告诉大脑身体正在摄取富含蛋白质的食物，甜味表示碳水化合物的摄入，咸味则提供了矿物质或电解质和水之间平衡情况的重要信息。苦和酸味则似乎进化为一种警告信号，我们脑部对于危险食物的学习能力又快又精准，这也是人类经过漫长的进化所修炼的本能。因为很多有毒的东西尝起来就是苦的，所以进化让我们对于苦的探测能力比其他味道比如咸味要好上一千倍，较为强烈的苦味甚至可以引发呕吐反应，而酸味则表示事物腐败或者未成熟的水果，对于苦和酸的敏感反应可以更好地帮助人类趋利避害，比如在一次聚会上，你吃生三文鱼片吃坏了肚子，那么之后的很长一段时间里，你都会对三文鱼片反胃，这样的情况可能长达数十年之久。

食物的质地和温度也会很大程度地影响我们的味觉。比如我们吃冰冷的食物时，味觉细胞需要几秒的适应时间，正常人的味觉在刺激物温度为 20 ~ 30 摄氏度时最为敏感，过高过低都会降低味觉敏感度，甚至消失。

4.2 神经科学中对于味觉的探讨

4.2.1 味觉偏好

味觉可以被称为“直接的感觉”，因为我们不可能远程品尝东西，味觉就像我们的指纹一样——千人千“味”，比如喜欢吃咸味食物的人的唾液比他人的更咸。除了其他一些因素，唾液的组成主要取决于遗传基因和食用的食物种类。

人们的味觉偏好可能在胎儿时期就已经显现出来。伦敦大学的研究者们对儿童的饮食偏好取决于遗传的程度这一问题进行了研究。研究成果发表在 2007 年《美国临床营养学杂志》(*American Journal of Clinical Nutrition*)上。该研究分析了英国 5 千多对年龄在 8 ~ 11 岁双胞胎的饮食习惯，研究结果表明味觉偏好有 78% 的概率取决于一个人的基因。

研究者还发现基因对于人们拒食的食物种类存在不同程度的影响。对于甜食，基因的影响作用较小，约为 20%；而对于富含蛋白质的食物，如鱼肉和牛肉，基因的影响高达 78%；对于水果和蔬菜，遗传基因的影响程度分别为 51% 和 37%。儿童在成长期的饮食也会影响将来的饮食偏好。研究结果还表明未来的饮食偏好 22% 取决于对后天环境的学习，这些研究结论对于男孩和女孩是一致的。

瑞典食品与生物技术研究所(Swedish Institute for Food and Biotechnology)的研究发现儿童的营养控制对饮食偏好的影响也很显著。该观点在研究中得到证实，研究表明，被允许吃各类食品的儿童与被限制饮食的儿童相比，对于其他种类食物表现出更强的好奇心，因此味觉可以通过不同的影响而得到刺激和训练。

4.2.2 味觉与情绪

味觉无疑是非常情绪化的一种感觉，我们在日常生活中经常用短语来表达味觉,如“醋坛子打翻了,酸溜溜”,心里“甜蜜蜜”等。

味觉可以诱发情绪，当我们吃到喜欢或讨厌的食物时就会呈现出或微笑或皱眉的面部表情，那么这种情绪性质是先天的还是后天的呢？1974 年以色列的 Jacob Steiner 医生最早开始研究新生儿味觉，发现新生儿对味觉有两种明显的反应类型，对甜味，面部会呈现放松、吸吮、偶尔微笑的表情，对苦味则表现为嘴张大、皱眉、皱鼻、偏头避开味觉测试物。由此可见，对于味道的基本情感是天生的，婴儿不需要学习就知道甜是好的，苦代表危险，需要避开。而有趣的是愉快和厌恶这两种基本情绪也是天生的。在人类身上得到的结果在大鼠身上也得到了确认，科学家进一步发现，在移除大脑皮层之后，基本的情绪反应并未受到影响，这表明情绪反应是大脑脑干水平所固有的，脑干是味觉神经纤维进入中央神经系统的地方。此外，一个人的情绪和心情会影响饮食习惯。例如，压力会让一些人增进食欲，也会让一些人降低食欲。味觉会影响人们的心情，而且是一种社会化的感觉。

4.2.3 味觉与嗅觉

味觉和嗅觉都是化学感觉，一次味觉体验过程往往会引起数千种化学反应，而且会受到嗅觉的影响。嗅觉在识别味道的能力中发挥着关键作用，如果我们不能闻到食物的味道，那我们所感觉到的味觉体验会降低高达80%。虽然味觉被认为是人类感官中最弱的，但是据说古希腊和罗马人仅仅通过鱼的味道就可以判断出它来自哪种水域。味觉与嗅觉紧密相关，有时都分不清哪些味道是从嗅觉来的，哪些又是从舌头传来的，就像我们会说奶糖闻起来甜甜的一样，这叫感觉融合。再比如我们感冒时，鼻子堵塞，吃东西时就觉得不香。

4.3 味觉审美

4.3.1 亲密社交

我们通常习惯和家人边吃饭边聊天，一些商业谈判也在饭桌上进行。我们中国惯有的饭局常常是促成商谈的一项重要环节。孩子们的生日会上，冰淇淋和蛋糕会使他们欢呼雀跃。朋友重聚，在餐桌上共同分享生活的小美好。宗教仪式上，我们也会出于敬畏或献祭而奉上食物。人们会用一顿美味为旅行归来者接风洗尘。食物具有强大的社会功能，而分享食物通常标识了一种和平、友善的姿态。共同品尝美食也构成了人们亲密社交的一个重要组成部分。

4.3.2 罗马贵族的盛宴

古罗马人贵族的盛宴在人类饮食历史上绝对属于浓墨重彩的一笔，他们崇尚食物带来的快感：辣椒的刺激，糖醋菜肴怡人的调和，咖喱那种被压抑的性感。纵酒狂欢和宴席成了主要的消遣，罗马人奢华地取悦自己，丝毫没有任何罪恶感。在他们的文化中，享乐本身就是耀眼的好事，是正面的成就，没有什么好忏悔的。罗马人为了消灭无聊这个“敌人”，通宵达旦地狂饮暴食，在发明别具匠心的菜肴方面互相攀比。在一次宴会上，主人招待的美食是一个比一个小的食物链成员，一样套一样塞进去后烤制而成：牛犊里塞着猪，猪里面塞着羊，羊里面塞着鸡，鸡里面塞着兔子，兔子里面塞着榛睡鼠等。另一位主人请客人们享用看似不同却均用相同原料制作的菜肴。

在古罗马主题宴会非常盛行，包括各种寻宝活动：找到孔雀脑袋或火烈鸟舌头的客人会得到奖品。机械装置让杂耍演员带着下一道菜从天而降，奴隶们拿来花环，戴在客人们身上，并给客人们抹上香膏，让他们放松。地面铺上齐膝深的玫瑰花瓣。菜肴一道接一道地上来，有些用了辣椒酱来刺激味蕾，有些用了柔和的酱来安抚味蕾。奴隶们通过管子将来自异国的芳香吹进屋，将灵猫香和龙涎香这种浓烈的动物香水喷洒到客人身上。有时候，会将藏红花、玫瑰水或其他精妙的东西喷到客人身上，要么在食物中会有鸟飞出，要么客人会发现食物其实不能吃（因为是纯金做的）。从盛宴和狂欢中可以看到人类对于味觉的无限追求和向往。

4.3.3 味觉与文化

非洲中部的黑人部落班图族人认为，交换食物可以使得两个有“混合血缘关系”的部族建立契约关系。不同的文化利用不同的食物来表示赞同或纪念，甚至被认为具有超自然的力量，有些象征性地被吃掉，还有些则出于仪式的需要被吃掉，蠢人或怀疑论者若忘了食谱或将程序弄错，不幸就会降临。犹太人在逾越节家宴上吃掉一道辣根菜，便象征着他们祖先在埃及为奴时的不尽泪水。马来人以米饭庆祝重要的事情，那是他们生命中灵感之源。古埃及人认为洋葱象征着多层的宇宙，他们会对着洋葱发誓，正如一些人对着《圣经》发誓一样。

食神掌控着许许多多民族的心灵和生命。敬畏玉米的霍皮印第安人吃蓝玉米来增添力量。《正餐之重要》一书中，描写了玉米及其用途的详细历史：家畜和家禽吃玉米；罐头食品中的液体含有玉米；大多数纸制品、塑料盒黏合剂都要用到玉米；糖果、冰淇淋以及其他一些零食都含有玉米糖浆；脱水或即食食品含有玉米淀粉。还有许多大家熟悉的东西是用玉米做成的，扫把和玉米棒芯烟斗就是两个例子。食用玉米本身对于霍皮印第安人来说就是表示一种敬畏的形式。在另一方面，文化上的忌讳又使我们拒绝许多健康有营养的食物。

4.4 味觉与设计

4.4.1 味觉联想

餐厅老板、营养师以及营销人员可以赋予菜肴唤起联想的菜名，以此提升菜肴的味觉体验。事实证明，这种方法可以提升餐厅的销售额高达 27%。以一项研究为例，“美味多汁的意大利海鲜鱼片”这一名称比“海鲜鱼片”更富有吸引力。此外，拥有唤起联想名称的菜肴会得到更多的积极评价，认为其更美味、更吸引人和更有营养。

不管公司的产品是否与味觉体验、概念、名称等存在自然联系，食品和饮料类的产品描述都可以战略性地提高味觉体验。食品和饮料类产品的呈现作为感官表达，对味觉体验有着重要影响。比如说瓷器颜色会影响个人胃口以及味觉体验。有项研究表明，上菜时将白色的鱼呈现在蓝色盘子里可以增强老年人的食欲。当提供餐饮时，颜色之间的对比也非常重要，牛排可以呈现在白色盘子里，但是麦片粥就不应该盛在白色碗里。

消费环境作为一种感官表达，对于味觉体验也有重要影响。有一项研究调查了参与者在不同环境中品尝相同菜肴后的评价，其中一种环境是老年疗养院，另外一种环境是四星级餐厅。以老年人为例。研究结果显示，在环境更好的四星级餐厅中用餐获得的体验远远高于在家中用餐获得的体验。值得一提的是，年龄段在 18 ～ 35 岁的参与者比中年人对消费环境更为挑剔。由此可见，味觉体验依赖于能提供良好体验的环境。

4.4.2 黑灯餐厅的启示

1999 年，瑞士苏黎世的一位盲人牧师创建了世界上第一间黑暗主题餐厅。所谓黑暗主题餐厅，是指让消费者在昏暗的环境中进食并享受服务。顾客用餐时看不到任何东西，只能听到咀嚼食物的声音，闻到食物的香味。创办者认为，这样就餐可以促进食欲并专心用餐，而且同桌友人说话时也能用心聆听，不会分心。餐厅内唯一灯火通明的地方只有一个，那就是洗手间。其他地方则完全没有照明，非盲人顾客进入这个餐厅就餐时不能使用手电筒，不能配戴夜光表等会发光的物品，而且入门后就得戴上遮光的眼罩，靠用手搭着侍者或朋友的肩膀入座。这样的体验非常新奇，刚开始很多顾客蜂拥而至。确实，一种感官的剥夺确实可以更好地让其他感官出于补偿而变得敏锐。国内也有很多餐厅纷纷效仿，然而，餐饮行业竞争激烈，这样的新奇就餐体验虽然短期内可以吸引到大量顾客，但是却无法长期保持大客流，一旦新鲜感过去，又变得门可罗雀，如今国内也关停了很多黑暗餐厅。

调动多感官才可以更好地体验食物带来的愉悦。中国人对待食物讲求“色、香、味、意”俱全，而中国的菜名本身就具有丰富的感官。很多名字比如“炸响铃”，从听觉上表达出了食物的酥脆感，再比如“红嘴绿鸽”将菠菜的艳丽色彩表达得淋漓尽致，而过年时家家户户都吃的鱼，则取了“鱼”和“余”的谐音，象征年年有余。元宵吃的汤圆则取食物的形象，象征吉祥团圆。此外，很多食物通过展现其制作过程不断调动就餐者的各类感官，从而进一步吊起观众的胃口。土耳其的特色冰淇淋讲究趣味性，顾客手握冰淇淋筒，和手上拿着一块巨大冰淇淋的冰淇淋师傅斗智斗勇，最后顺利抱得美食归，把购买冰淇淋变成了一个真人秀。日本大阪的铁板烧则让食客和厨师面对面，近距离观赏厨师的烹饪过程，而厨师手上那两块上下翻飞的铁铲则成了表演工具，每一个烹饪动作都像是人和食物之间的探戈，最后，美味的食物被分成几份，供围坐在桌边一圈的食客享用。多感官的调动，让饕客从观看食物的制作过程中产生更高的体验期待，又从味觉品尝中得到更多地满足。

4.4.3 让品牌被“尝”到

味觉营销策略也是如今各品牌广泛采用的营销方式之一，可以强化顾客的整体体验。味觉营销战略使品牌变得与众不同，并且为消费者提供额外的品牌价值。对于同一种食品，大家认为所有人品尝之后的结论应该都是一样的,其实这种看法是不准确的。味觉属于一种感性的感官，我们经常会用酸甜苦辣来形容生活的各种体验。而将味道作为品牌的调味剂，可以给予品牌更多的体验维度，强化一个企业或品牌的特点，在消费者心目中创建生动而丰满的品牌形象。

味觉在传统的营销中经常被忽略，只是以简单的陈列和品尝的方式呈献给消费者，而大多数营销方式让人感觉“索然无味”。实际上味觉是体验的触发器，比其他感官更能激发消费者的情感。我相信大多数已为人父母亲会有这种共识：就是新生儿的第一口奶非常重要，如果在哺乳期中更换其他品牌的奶粉，婴儿就会变得不爱进食。曾有学者研究过情绪和情感对消费的影响，结果表明消费者的情感能力和情感信心会影响他们在冲动进食、放纵热量摄入时对食物的选择。一种食物如果激起了消费者的情感波澜，那么在这种波澜的主推之下，自然会被更多地消费。

虽然宜家的家居产品是无法食用的，但是宜家并没有因此而放弃采取相应的策略吊足消费者的胃口。宜家在不同的楼层设置了形式不同的就餐区域，一楼购物出口外面是供消费者临时充饥的快餐区域，在这里购物之后辛苦的消费者可以很快地补充能量，然后继续购物；在二楼展厅的旁边是一个比较正式的快餐厅，既有美味的快餐也有香气四溢的咖啡，消费者在购物之余或者购物中途都可以通过快速通道直达这里。宜家在商场里设置餐厅的做法已经超越了单纯的解决购物者生理需求的问题，而是一种非常有效的味觉营销策略，吸引了大批的非购物人群到宜家餐厅消费，无疑这个群体又构成了宜家家居产品巨大的潜在消费力量。

在多数企业还徘徊于传统的视觉、听觉营销方式的时候，味觉在促进消费者对产品的更多维度的体验和提升品牌的价值方面可以起到出奇制胜的作用。

触觉

5.1 触觉系统的基本组成

5.1.1 躯体感觉与触觉

躯体感觉是指对躯体及其运动的知觉。它让我们时刻明白身体内部和外部发生了什么。躯体感觉可以帮助我们辨别物体的形状，压力、冷、热、疼痛、痒，以及关节的位置和运动等：皮肤感觉包括几种不同的形式，一般统一归为触觉。本体感觉和肌肉运动知觉提供了我们身体位置和有关运动方面的信息。器官感觉则来自于内脏器官内部和周边的感受器。本章主要讨论皮肤感觉，即触觉，触觉是躯体感觉的一种。

狭义的触觉，指轻轻接触皮肤触觉感受器所引起的肤觉。广义的触觉，还包括增加压力使皮肤部分变形所引起的肤觉，即压觉。正常皮肤内分布有感觉神经及运动神经，它们的神经末梢和特殊感受器广泛地分布在表皮、真皮及皮下组织内，以感知体内外的各种刺激，引起相应的神经反射，维持机体的健康。因此皮肤有以下几种基本感觉：压力、振动、热、冷及疼痛。我们可以通过皮肤的机械性变形来感受压力；我们可以用手指摩挲物体的表面，利用皮肤对振动的敏感性来判断物体表面的粗糙程度。通过皮肤温度的升高或者降低我们可以感受到冷和热；而很多不同的刺激（比如受伤）都有可能产生疼痛。

触觉是一种神奇的连接工具,当人体其他感官都失效时，它可以帮助人体与外界联系。海伦·凯勒在《假如给我三天光明》中描述了她幼年时期的经历，当她因为疾病被夺走听觉和视觉时，她的家庭教师教她用手在池水中感受大自然，并在她手掌心拼出单词“W-A-T-E-R”（水）。用触觉去阅读这个世界，这是盲文点字法的精髓。人们通过皮肤来感受触摸，它是人体最大的器官，展开后有将近1.85平方米左右，大小和一张双人床相差不多。通过信号的传送，我们能够感到寒冷与炎热，光滑与粗糙，舒适与疼痛。

5.1.2 皮肤中的“中情局”

在皮肤中有很多躯体感受器,他们就像潜伏在一线的“情报员”，不同的感受器对多种刺激都会产生反应。这些感受器位于不同的深度，有的位于真皮层，有的位于表皮层，他们长相奇特，非常可爱，就像是一个个外星小生物（图5.1）。这些感受体分别是：

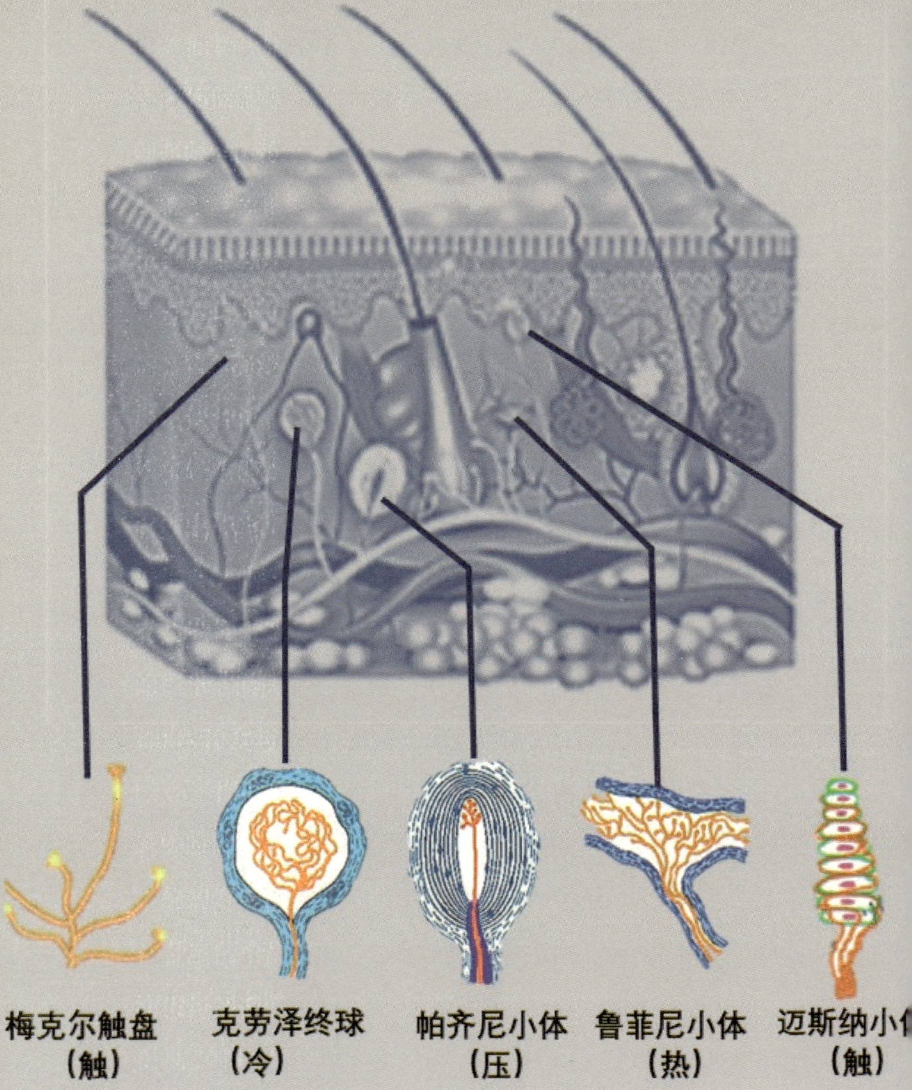

图 5.1 皮肤里的感受器

（1）梅克尔触盘

位于表皮的基底部，邻近汗液管，可以探查物体形状和粗糙程度。

（2）克劳泽终球

有一层被膜，内部由多条细神经纤维形成的神经纤维球构成，多见于口唇及舌的粘膜以及眼结合膜等部位，被认为是冷感受器，但也有人认为这就是裸露无毛发皮肤中的迈斯纳小体。

（3）帕齐尼小体

又称环层小体，体积较大（直径 1 ～ 4mm），卵圆形或球形，广泛分布在皮下组织、肠系膜、韧带和关节囊等处，感受压觉和振动觉。它是体内最大的感觉末梢器官，对皮肤的快速振动有反应。

（4）鲁菲尼小体

存在于有毛发皮肤上，对振动敏感的器官。对皮肤的凹陷有反应，用于探查皮肤所受到的静力、皮肤的拉伸及本体感受。

（5）迈斯纳小体

又称触觉小体，分布于皮肤真皮乳头内，以手指、足趾的掌侧的皮肤居多，感受触觉，对低频振动或皮肤上的敲打有反应，可以探查物体边缘轮廓，其数量随年龄增长而逐渐减少。

这些形形色色的感受器就像一个个潜伏的间谍，收集和感受着外界给予的各种刺激并形成一套“暗号”，通过脊髓的长长通道将信号发放给大脑。上行的信号在脑干经过突触传递，交叉到对侧丘脑，再投射到大脑皮质，和视觉及听觉一样，身体一侧的信息主要在对侧的大脑半球中得到表征。除了皮质投射，躯体感觉信息被投射到很多诸如小脑的皮质下结构。

5.1.3 大脑及“皮层小矮人”

20 世纪初，英国神经生物学家查尔斯・斯科特・谢林顿（Charles Scott Sherrington）等人依赖皮层区域的电刺激并测量动物的行为。通过这种方法，谢林顿和他的同事发现灵长类的大脑皮层中包含着完整“运动地图”。他在类人猿的大脑中央前回中发现了初级运动皮层。而对于人类大脑皮质的早期研究则得益于在清醒状态下对实施脑外科手术病人脑皮质的直接刺激，通过病人的报告来了解躯体和大脑皮层之间的对应关系。

这里要特别介绍一下谢林顿的学生怀尔德・彭菲尔德（Wilder Penfield），他在 19 年的时间里，从 400 多例颅骨切开术中收集了大量的数据。手术中，医生对病人进行局部麻醉，去掉一块颅骨后，大脑皮层便显露出来。由于对大脑皮层的操作或者电刺激不会产生痛感，因此彭菲尔德可以在病人清醒的状态下刺激大脑皮层上的不同区域以确定癫痫发作的源头，而病人则可以报告他们的感觉。通过大量的数据，彭菲尔德得以绘制出位于大脑中央沟前部和后部的皮层区域，由电刺激引发的各种触觉。他发现：在改变刺激点的过程中——从头顶中央向耳朵方向，身体感觉的位置也在逐渐移动，先是脚趾，然后是脚，接着是腿、臀部、躯干、脖子、头、肩膀、胳膊、肘、前臂、腰、手、每根手指、脸、嘴唇、内口腔，最后是喉咙和内腹腔。这一顺序组成了人类身体在大脑中的“地形图”。为了满足神经外科手术的需要，卡特里夫人（Mrs.H.P.Cantlie）将据此画出了这幅在医学文献记录中被多次使用的皮层“小矮人图”（图 5.2）。

按照皮层投射来看，我们可以发现不同躯体部分在皮层的投射区域大小和身体是不成比例的。“小矮人”拥有性感的嘟嘟嘴和一双硕大而宽厚的双手。这种现象被称为“皮层放大”，皮层放大代表了机械性刺激感受器密度最大的区域。这种不成比例的投射同样会出现在其他动物身上，比如在老鼠身上，我们会发现一只拥有大而夸张的胡须、口鼻和前爪的“小矮老鼠”，而在鸭嘴兽身上则是一只有夸张的喙的“小矮鸭嘴兽”。相较嘴唇和手臂，我们发现，“小矮人”的背部和躯干却瘦弱得可怜，所以，如果把一个物体滚过背部，你可能很难觉察到它到底是什么形状，但是如果换成用手触摸，你就可以迅速判断出物体的外轮廓。

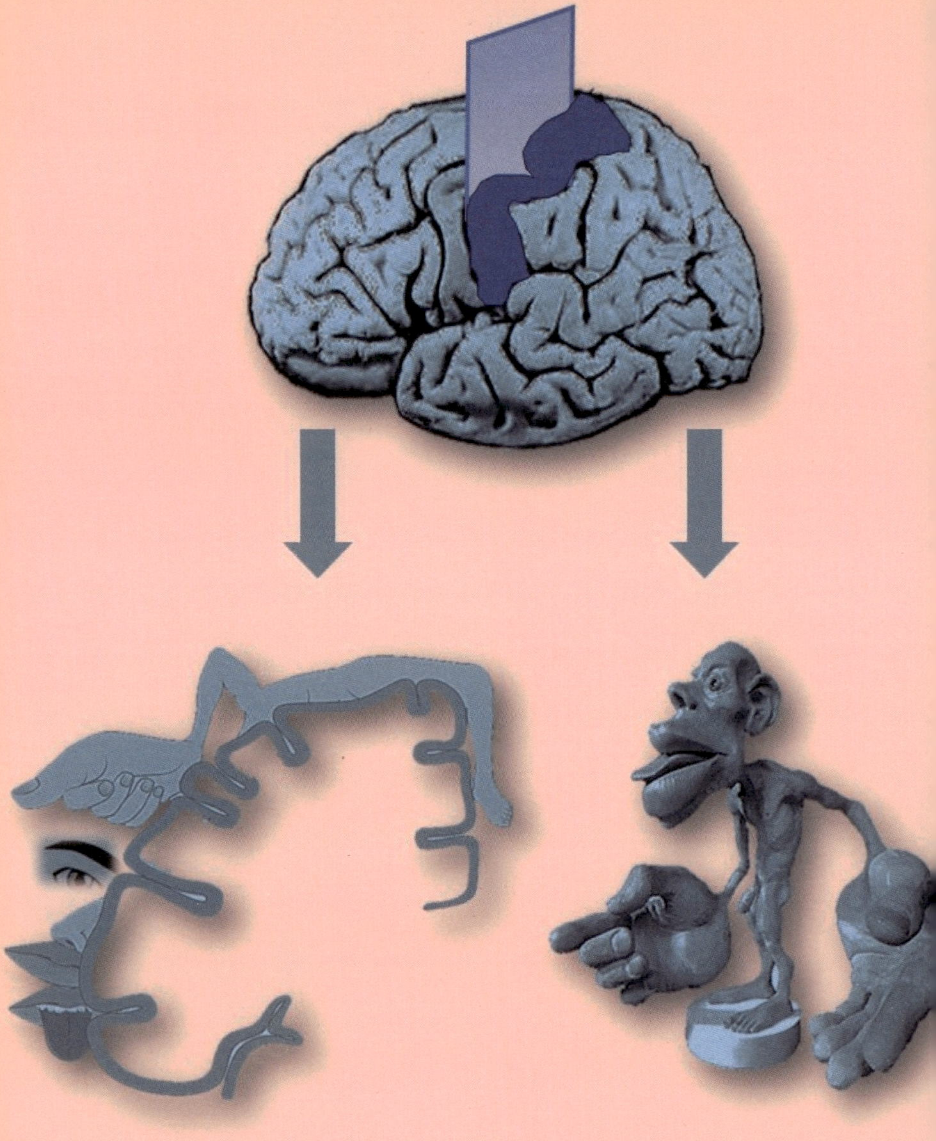

图 5.2 大脑地形图及“小矮人”图

5.2 神经科学中对于触觉的探讨

5.2.1 幻肢痛

疼痛是在触觉中经常被讨论的问题，尽管疼痛并不招人喜欢，但是疼痛可以让我们快速规避伤害的继续。如果缺乏对于疼痛的知觉，我们的身体可能会遭受各种伤害而不自知。曾有案例报道过由于基因缺陷而没有痛觉的家族，家族 6 名成员患有这种基因缺陷疾病，他们全部都有由于自己啃咬而造成的嘴唇或舌头损伤，身上有很多擦伤、划伤，甚至严重的骨折，但直到这些损伤影响到行动时才会被注意到。家族中有一名十岁男孩在街头表演刀穿手臂和赤足在煤炭上行走，而他自己完全不会感受到痛，十四岁时由于从屋顶上跳下而坠亡。从这个角度看，对于疼痛的知觉很好地保护了我们的身体受到进一步伤害。

然而，疼痛有时又非常不可思议，我们的大脑会产生不应该有的疼痛。在肢体被切除后，有多达 7% 的截肢病人报告他们仍感觉到被切除肢体的存在，并且经常会疼痛。这种现象被称为“幻肢痛”。目前人们已经报告的在幻肢上存在的所有感觉，包括疼痛、压力、冷热、湿润、痒、出汗，以及针刺的感觉。《脑中魅影》（*Phantoms in the Brain*）的作者拉马钱德兰（Rama Chandran）在书中曾经介绍过一名叫汤姆的“幻肢痛”的患者，他因为车祸刚接受了截肢手术，却经常被幻肢发痒和疼痛的感觉所困扰。当用棉签划过他的脸颊时，汤姆却报告了他同时感觉脸和手指被碰触到。通过划棉签的方法，拉马钱德兰在汤姆的脸上发现了一幅完整的映射图。为什么会有这种感受区域的重叠呢？试想原来一个萝卜一个坑的对应关系由于截肢手术而被破坏，在大脑皮质中，原来的手区无人看管，附近区域的神经就蠢蠢欲动了，结果就是手的区域被临近的脸区接管了。如果你仔细看下前页的大脑地形图，可以发现手区的另一侧是肩膀区，那么肩膀是否也接管了一部分手区呢？答案是肯定的——用棉签划过摸汤姆的肩膀时，同样也发现了这种感觉的重叠，汤姆总感到被截掉的手被触到了。

相反地，有时候我们对于某些触觉信息却非常迟钝，比如你不会注意到衣服碰到皮肤的感觉；而当别处有更重要的事发生时，你的大脑会自动忽略其他触觉信息。我们可以忽略那些较弱的触觉信息，那么对于较强烈的信息，大脑是否能够忽略呢？曾有人设计过一个电击实验，来证明大脑能否改变人们对疼痛程度的感知。如果某些行为会让人产生疼痛感，那是否有方法可以缓解或增强疼痛？志愿者被要求尝试两种新药，他们被告知一种黄色的止痛药和另一种咖啡色的增痛药丸（提升被试者对疼痛的敏感程度），但实际上那些药丸并不会起什么作用，它们只是混合糖和面粉再加食用色素被压制成了药丸的形状。而那些食用了“止痛药”的志愿者明显感觉到疼痛减轻了，对电击只有少许或者是没有反应。即使电击的程度完全一样，那些以为吃了“增痛剂”的志愿者却明显觉得疼痛感增强了。可以肯定的是，他们的疼痛来源于电击。当达到最高的电击强度时，那些以为吃了“止痛药”的志愿者仍只有很小的反应，而另一组吃增痛剂的志愿者却觉得难以忍受，他们也确确实实感觉到强烈的疼痛。因为对结果抱有不同的期待，这两组志愿者感受痛的程度产生了明显的差异。

5.2.2“灵魂出窍”与躯体失认

人是否有灵魂？古埃及人因为相信人具有灵魂，因而制作出了木乃伊，保存好人的遗体以便死后重生。墨西哥的亡灵节则是相信亡灵世界的人们依然可以精彩地生活，在亡灵节那天回到地上和家人团聚。在各种典故或者志怪小说中，灵魂出窍是经典桥段。《聊斋志异》中的阿宝，主人公通过灵魂出窍，抱得美人归。而在现实生活中，神经科医生也报告过“灵魂出窍”的案例，病人往往汇报自己会漂浮起来，在某处看着另一个自己，或者在眼角看到还有另一个自己等。在神经科学中，和灵魂出窍相关的幻觉其实是一个大类，叫做自体幻觉（Autoscopic Phenomena 以下简称 AP），是躯体部位失认（Somatognosia）的一种，病人往往自述感觉脱离了肉体，从其他角度注视自我（例如从天花板上俯瞰自己），或者感觉背后有人等。产生这种体验的原因可能是颞顶联合区受伤、前庭系统障碍等。而颞叶癫痫的病人则更有可能会产生类似到达“天堂”的濒死体验或者得到某种宗教意象。著名的神经认知科学家迈克尔·加扎尼加（Michael

S. Gazzaniga）以梵高为例，说他具有颞叶癫痫的一切症状，而梵高确实也看见过诸如耶稣复活等宗教意向 。

瑞士洛邦理工学院（ELPF）的神经学家奥拉夫·布朗克（Olaf Blanke）的研究成果为我们指明了方向。2002 年，布朗克在一位 43 岁的妇女身上诱发出了多次出体经验。他一直在为这位病人治疗抗药性颞叶癫痫。脑部扫描没有显示出任何病变，因此布朗克转而用外科手术来探查病灶。与常规脑电图不同，布朗克的团队在病人的头盖骨中植入电极，从大脑皮层直接记录脑电活动。其间，这名妇女自愿让她的大脑被植入的电极刺激。正是在这种刺激过程中，布朗克发现，刺激右角回处的电极时，病人会产生奇怪的感觉。当刺激电流微弱时，病人表示有“陷进床里”和“从高处坠落”的感觉；当治疗团队加大电流强度时，病人就产生了“出体经验”。她说：“我从高处看着躺在床上的自己。”角回位于前庭皮质（前庭系统负责掌管人的姿势和平衡感）附近。布朗克因此得出结论：电流刺激破坏了例如触觉等感觉与前庭信号的整合，是“出体经验”的诱因。几年后，布朗克又将实验向前推进了一步，部分实验对象的位置感和对自己身体的认知又一次发生了偏差。其中最令人震惊的是，一位实验对象表示从空中看到了自己的身体，而当时他明明躺在扫描仪中。

5.3 触觉审美

5.3.1 抚摸

所有的动物对于被触碰、抚摸都有反应。没有互相触摸的化学反应，就无法塑造关系。动物都依赖母亲得以生存，如果没有母亲的抚触（老鼠只需 45 分钟），幼兽即会降低自己对食物的要求，以维持自己的生命至母亲回来为止。如果母亲在短时间内返回，这种做法即不成问题。但如果母鼠没有回来，新陈代谢减缓的幼兽就会产生发育上的障碍。杜克大学的神经学学者桑博格（Saul Schanberg）用老鼠做实验，发现母鼠舔舐幼鼠为其梳理体毛时，在幼鼠身上产生了明显的化学变化。如果幼鼠离开母鼠，其生长荷尔蒙减少，ODC（一种酵素，显示某种化学变化的开始）在体内每个细胞内都降低，蛋白质合成亦减弱。而当小鼠回到母鼠身边时，生长再度开始。当实验人员打算不用母鼠而想扭转小鼠恶劣的生长情况时，发现轻触小鼠毫无效果，非得用画笔重重地刷过小鼠，模拟母鼠的舌头才行，这样小鼠才会正常地生长。不论被带离母鼠的幼鼠最后是回到母鼠身边，还是由实验者以画笔刺激它，它们都会有过度的反应，需要较原先多得多的抚摸，才能有正常的回应。

人类胎儿在子宫中成长时，包裹在羊水之中，从而能感受到温暖、心跳及母亲的内在，尤如飘浮在舒适的吊床上，随着母亲走动而轻轻摇晃。出生后，母亲则会以各种不同的方式重新创造子宫的舒适环境（襁褓摇篮、把宝宝贴近自己身体左侧的心房处）。英国剑桥妇幼医院发现如果把早产儿置于羊毛毯中一天，婴儿也会较平时多增加 15 克的体重，原因并不是毛毯的热度，因为病房原本就很暖和，而是较近似于传统用襁褓包裹婴儿的做法，增加了触觉的刺激，从而减少了焦虑，使婴儿觉得自己被轻轻抚抱。另一项实验也发现，紧紧裹住婴儿的毯子或衣服能降低婴儿的心跳率，使他们放松地睡在如子宫般的襁褓中。

缺乏触摸和被触摸，不论是什么年龄的人都会生病，变得渴望触摸。胎儿首先发展的知觉是触觉，新生儿在眼睛张开前，便自动有了触觉，开始探索世界。我们出生之后不久，虽然还不能看或说，却能凭直觉开始触摸，婴儿唇上的触觉细胞使他们能够吃奶，而他们的双手也向外伸，探求温暖。触摸使得我们知道和其他物体之间的不同，让我们知道除了自己之外，还有其他人。

5.3.2 触觉与人类社会

人类文明在建立自己独特的表达体系的时候，有意无意地加入了许多通过触觉表达自身想法和感受的方式。很多行为模式都被沿用至今。即使在不同的地区、不同的文化中间，也有着用极为相似的触觉行为来表达同样含义的例子。拥抱和抚摸能使对方感受到爱意和安慰，拳头的击打能使人感受到对方的怒火等，这些在全球范围内都是通用的。

触觉感受器在头面、嘴唇、舌和手指等部位的分布都极为丰富，尤其是手指尖。人们自身的触觉对机体是有益的，如经常伸一伸懒腰、半躺在摇椅上前后摇摆，可以松弛神经系统；经常进行桑拿浴、淋浴、擦身和按摩，可以使痉挛的肌肉放松下来。触觉还有着更为神奇而崇高的作用，即用来表示亲密、善意、温柔与体贴之情，是启迪人们心灵的一个窗口。如果用温暖的手触摸病人的面额部，看其是否还在发烧，病人会为此感到欣慰。如果你将一只友爱温暖的手搭在处于困境的朋友肩上，可以使他振奋，给他以勇气；如果搭在处于紧张和焦虑不安的朋友肩上，可以使他肩部的肌肉放松而感到轻松；当朋友之间满怀热情地紧紧握手时，人会觉得更亲切，当人们哭泣时，为他们擦去眼泪，会令人感到无比安慰。当孩子因受到惊吓而畏怯、恐惧时，解决问题的最好办法就是将他抱起来，紧紧地拥抱着他，并且亲切地亲吻他的面孔，孩子便会意识到人们在保护他。各种形式的触摸形成了情感纽带，维系着人与人之间丰富的情感。

5.4 触觉与设计

5.4.1 触觉决定顾客心理认知

如今很多红酒瓶都用螺旋盖代替了软木塞。但是你会觉得用螺旋盖的红酒比用软木塞的好喝吗？也许答案是否定的，至少是对于现在的红酒来说。这是一个关于认知的问题，但是从非理性的角度，我们会认为用软木塞的红酒味道更好些，而螺旋盖会让人们联想到苏打汽水，从而让人们对这瓶红酒的触感品质产生质疑，因为那种拔掉软木塞的触感消失了。

让我们来想象这样一个情景：新年前夜的晚宴上，人们兴致勃勃地打算打开一瓶香槟，但不巧它是螺旋盖的，接下来会发生什么？“三—二—一，新年快乐！”本来期待的“噗”的喷洒声变成了一声无力的“呲”，仪式感顿时消失了，香槟也不会好喝，而我们甚至对下一年的前景也不抱什么希望了……这一切想法，都是因为没听到拔出软木塞时那象征胜利和美好祝愿的——“嘭”的一声。

在我们对品牌形成认知的过程中，对产品的感受起到至关重要的作用，即使这种感觉没有任何意义。有 49% 的消费者表示，坐在驾驶座、手握方向盘的感觉会成为他们购车的主要因素。只有不到 4% 的受访者称“汽车的触觉不太重要”。隶属沃尔玛旗下的英国阿斯达连锁超市非常重视触觉，他们甚至会把每种品牌的卫生纸各撕下来一些，作为样品供消费者体验和比较。这一策略使沃尔玛的收入大增，阿斯达也因此争取到了扩店 50% 的福利。

在触觉方面，最有趣的一个研究结果大概就是手机行业了。你可能会认为，手机的外观会朝更新潮、功能更多元化的方向发展。但是根据研究表明，全球 35% 的消费者认为手机的“手感”比“外观”更重要，在中国有 46% 的消费者也是这样认为的。随着电子产品越做越小、越做越轻薄，消费者的认知也跟着与时俱进了。虽然一定的重量让人觉得更有存在感，但我们也会喜欢轻巧所带来的方便。但是轻巧是有一个前提的——产品的制作材料必须是高品质的。比如我们不喜欢像塑料的数码相机，也不想要太纤薄的掌上电脑，我们需要的是用最前沿的材料制成的高级制品。

复古风潮也开始在电子产品中兴起，一些新一代的数码相机开始模仿胶片相机的功能和效果，因为消费者想要的不再是高科技。人手的大小已经不满足于把玩那种薄得可以夹进指缝的相机。另外就是快门的“咔嚓”声。这些新生代的相机加入了一种数字的快门声，让你回归拍摄老照片的感觉。

5.4.2 触觉语言的形成

感觉或形象的组合是设计者在信息接受者的大脑中进行的一种信息再构筑活动。这一再构筑过程是通过各种渠道不断传递刺激产生的。通过对视觉、嗅觉、触觉、听觉、味觉使用以及它们组合起来产生的刺激，在接受者的大脑中进行感觉再现。这种再现，在我们的大脑中生成所谓的“印象”。因此，通过触觉来判断事物，即能够诱导我们接触，也可以提示我们远离。比如没有人想摸长满刺的仙人掌，当看到它长长尖尖的刺，人们下意识便觉得这是不安全的，会受到伤害的，应该远离。而当我们看见婴儿柔软细滑的小手，人们下意识得就忍不住想要靠近去触摸一下。由此可以发现，我们过去的那些触觉体验形成的印记已经在大脑中形成了判断符号，这些判断诱导了我们的行为。

日本著名产品设计师深泽直人说过："我们每天无意识所接触到东西的感觉来自于它们已经存在于记忆中的感受；通过一种极致的方式来唤醒我们所没有意识到的感觉，就可以创造出淘气的设计。"深泽直人设计了一款名为"果汁的肌肤"的饮料盒，包装外形看起来好像直接使用了香蕉、新西兰果、草莓、豆腐等的外壳。香蕉和豆腐的包装均使用橡胶制作，而新西兰果的包装采用在纸面形成绒毛的起毛加工方式（图 5.3）。

在视觉、触觉上八面的棱形让人握起来有真实香蕉的感觉，同时人们会自动地为这款设计加上"天然、原味"的标签，并想象拿着"香蕉"来喝是一件十分有趣的事。而这样的包装放在展架上时也是非常吸引人的，很多人伸手触摸摆放在展台上的产品外包装，想切身体会一下摸起来的感觉。深泽直人说："设计就是在接受者头脑中用一种形象"建立"一个结构，强调了记忆与现实之间的微妙差异。在此材料不只是外在的模仿，还有模仿所唤醒的大量记忆。我觉得最近出现的八角形包装比较像香蕉。不过，没想到制作出来的实

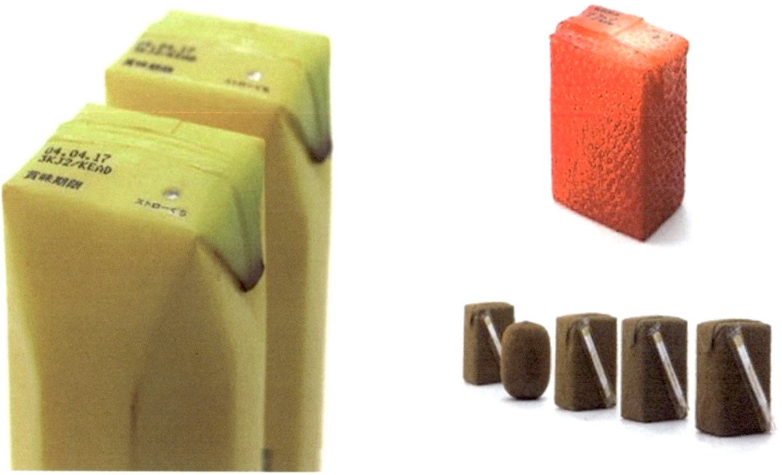

图 5.3 “果汁的肌肤”包装设计

物和香蕉这么相似”。虽然还未涉及到投入商业生产，但深泽直人对融入感多元素的产品设计前景非常乐观。这种视触觉的激发同时也强化了人们对于新鲜水果的记忆联想，让产品直观而诱人。

5.4.3 设计中的触觉语言

触觉的接触所引发的情感反应是惊人的，触觉接触不仅影响对产品属性的感知和获取，消费者本身也可通过触觉接触建立一种对产品的情感反应，从中获得享乐体验。对企业来说，品牌的触觉语言包括产品（或服务）的材料、质地、硬度、温度和重量等；完美而恰当的触觉语言不仅有利于顾客对产品（或服务）的功能认知，而且也有利于顾客和品牌建立情感。

IBM 的 Thinkpad 系列笔记本成功通过一个“小红点”的触觉设计建立了这样一条纽带。IBM 笔记本电脑键盘上的“小红点”——众所周知的 TrackPoint 就是独一无二的特色，而且这一系统已经被 IBM 注册，以确保竞争对手无法复制。小红点位于键盘的正中央，手不必离开键盘就能方便地操作，用指尖轻推指点杆，其底部的陶瓷板就会产生细微的弯曲，安装在陶瓷板上的 4 个弯曲传感器马上就会感知力度的方向和大小，如果仅仅是轻轻地施加一点力量，指针就会只移动几个点的单位。继续推动，指针就会加速平滑地移动。如果瞬间加以较大的力量，指针就会迅速移动到目标处。这使得需要大幅度移动指针的操作和拖拽操作都变得异常简单。IBM Thinkpad 的用户对品牌具有很高的忠诚度，因为已经习惯了使用“小红点”的用户很难再去接受其他笔记本的触摸板导航系统。

触觉的形式可以由材料本身材质的肌理造成，它可以是柔软的、坚硬的，又或者是粗糙的。通过对材料表面材质肌理的视觉触觉感，建立与观者之间更深层的亲和感和诱惑力。

（1）重量

重量，对应着庄重性与重要性。重量是消费者感受某一品牌或者产品必要的感觉表达方式，消费者通常认为重的产品象征着好的品质，而轻质的塑料产品则象征着低价劣质。一个很简单的电子产品——遥控器，能够很好地说明品质的重要性。遥控器越重，质量越好——至少消费者是这样认为的，他们通常会依据“手感”而不是“外观”来评价产品的质量。这种偏好也解释了为什么像 B&O 这样奢华的音响大牌要人为地给遥控器增重。他们始终致力于把品牌打造成“奢华”“顶级”的象征，也努力地建构消费者的认知。他们重视工程的每一个环节，从遥控器的重量、产品开关的方式，到微引擎发出的声音。

（2）温度

温度，作为一种感觉的表现方式，影响个体接收者对温暖和寒冷的判断。在日常生活中，我们常会用和温度有关的词语来描述人与人之间的关系。譬如，我们会用“冷冰冰”这样的字眼来形容一个面无表情的人，我们也会用“温暖”

来形容一个贴心的朋友所带来的感觉。心理学家劳伦斯·威廉姆斯和约翰巴福研究认为，在消费者之间的温情与实际温度密切相关，某种产品或服务场所的温暖与否对于触觉感受影响很大。产品或服务场景的温暖或冰冷对消费者的触觉体验非常重要。为了对抗佛罗里达的潮湿天气，迪斯尼乐园的每个商店都在门口放了喷水装置，为了让在门口等候的消费者舒服一些。可口可乐公司在拉斯维加斯街边的饮料贩卖机上安装了喷雾设备，只要温度达到37.8摄氏度就会自动启动。设计者表示这个发明让更多的人喜欢光顾贩卖机了。

（3）材质和质感

材质，作为一种感觉的表现方法，可以阐明一个品牌的特性和价值。制造产品的材料会影响该品牌与消费者之间的互动。天然材料，例如皮革、木头通常会认为是比较温暖和柔软的材料，可以使人们放松并与自然和谐相处；砖块可以制造一种温暖的感觉，因为它的颜色会让人联想到加热的炉子；而非天然的材料，比如玻璃和金属，则通常会使人产生冰冷坚硬的感觉。正如人们通常会通过相貌来判断他人，消费者也会通过外观来评判某个品牌。即使某种产品的理性功能特点非常出众，但其使用的材质不够吸引人或者产生不好的触摸质感，就可能使消费者对该品牌及其产品产生坏的印象。

松下曾经参与以 HAPTIC 为主题的展览，以产品为媒介，揭开了融合设计、科学和感官的新领域。为了这个触觉展，松下公司提供了一个遥控器的样品，当遥控器处于断电

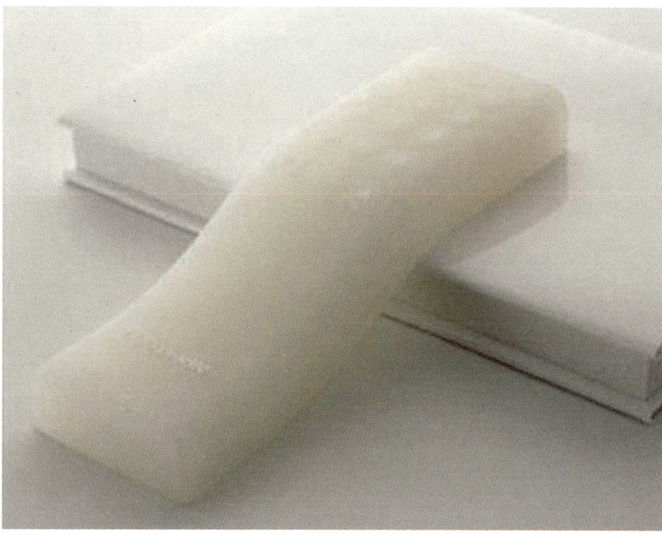

图 5.4 松下智能遥控器

状态，它便会失去形体，瘫软下来，如同在关上按钮的同时失去生命体征（图 5.4）。这个巧思如同西班牙超现实主义大师萨尔瓦多·达利最著名的作品《永恒的记忆》中那只瘫软在树枝上的钟。而当人们打开开关，它便好似活了过来。它首先开始呼吸，在闲置时间，肚子那块位置开始上下起伏，好像进入睡眠状态一般，从死亡中复活，成为会呼吸的生命。而当人们要取用它时，传感器在靠近手的瞬间，整体开始发亮，继而变硬，为方便人们的使用而调到完美的硬度。虽然这款遥控器还处于一个概念模型的状态，但在感光与科技的领域中，却是具有独到思考和创新的。除此之外，也为“智能电器”和人体特征提供了相关的连接与可能性。这个遥控器模型的诞生，不仅是科技和电器史上的里程碑，也是感官科学作用于商业产品并产生共鸣火花的重要转折。

（4）触摸感知和体验互动

当我们的身体接触一种物体时，触感是最有用的。但是只通过想象或注视的视触感也能帮助我们感受到物体，因为通过之前对同一物体的触摸使得消费者的大脑已经储存了相关记忆。消费者通过感官体验建立起某个品牌的形象，企业可以利用触觉制造出特殊的触摸印象，作为品牌形象的基础。

触觉是一种黏连性极强的符号，虽然触觉本身在信息处理的过程中起的作用并不像其他感官符号那么起作用，但是触觉的运用是完全基于与消费者身体部位接触而传播的。因此，触觉的运用不可避免的需要采取触摸动作，只要发生触摸地就意味着消费者与品牌及其产品之间发生亲密的接触，对质感、对温度或对形状有了明确的触觉体验，无疑能提高消费者认知产品信息的精准性。通常通过触摸的感知误差性比较小，触觉的记忆更多的能够凸显品牌或产品之间的差异性，甚至有些记忆中的触觉感知被再次触碰时，可以唤起消费者的心灵触动。

《触摸这个》（*Touch This*）书籍设计中使用了一种叫 Heat sensitive ink（热感墨：一种变色聚合物涂层）的新兴技术材料（图 5.5）。在常温状态下，封面呈现出乌黑油亮的

图 5.5《触摸这个》热感应封面

黑色，而当封面接触到 30 摄氏度以上物体时（人们用手去触摸到封面），封面会由于受到手施加的压力而产生有趣的变化，从原本的黑色变成了透明色，并能看到内页上的文字与图像。接触的面积越大，封面内页的内容就能看到更多。当整个封面都能接触到足够的温度的时候，阅读者就能完全看清里面的文字和图像了。几十秒之后，封面又回到了原来的黑色状态（如果放置在较冷的环境只需要几秒就能恢复到原来的黑色）。这种独特的书籍设计大大增强了阅读者的参与感和体验感，而这里的体验感主要是以“身触”为主。

无独有偶，纽约著名时装品牌 Alexander Wang 在 2014 年也曾推出过以“热感应”为主题的配饰。2014 春夏系列的钱包和手袋所使用的皮质是经过热感应处理的牛皮。在使用过程中遇到人按压或碰撞会产生类似 X 光的奇妙效果，在短时间内印在皮上，给人一种“定制”的感受（图 5.6）。

图 5.6 Alexander Wang 设计的热感应皮包

参考文献

[1] Slater, A., et al. Newborn infants prefer attractive faces. Infant Behavior and Development, 1998.21(2): 345-354

[2] Langlois, J.H., et al. Facial diversity and infant preferences for attractive faces. Developmental psychology, 1991.27(1):79-84

[3] 马丁·林斯特龙．打造多维的品牌策略 [J].IT 时代周刊 ,2011(12):74-75.

[4] Mehta R, Zhu R． Blue or red？ Exploring the effect of color on cognitive task performances[J]． Science， 2009， 323（5918）：1226–1229.

[5] Bagchi R， Cheema A． The effect of red background color on willingness-to-pay ：The moderating role of sellingmechanism[J]． Journal of Consumer Research， 2013， 39（5）：947–960.

[6] 俞国良．环境心理学．北京：人民教育出版社，2003.

[7] Badalian-LO.The use of the luscher color test for assessing the emotional status of children and adolescents with an organic central nervous system lesion and borderline psychopathology[J]． 1995,95（5）：44

[8] Mogg K.Effects of anxiety and awareness on colour identification latencies for emotional words[J]． Behaviour Research and Therapy(BEHAV. RES．THER)，1993，31（6): 559

[9] ZhangY， Feick L， Price LJ． The impact of self-construal on aesthetic preference for angular versus roundedshapes[J]． Personality and Social Psychology Bulletin， 2006， 32（6）：794–805.

[10] 钟科，王海忠，杨晨．感官营销战略在服务失败中的运用：触觉体验缓解顾客抱怨的实证研究 [J]．中国工业经济，2014，（1）：114–126.

[11] Cutright K M． The beauty of boundaries ：When and why we seek structure in consumption[J]． Journal of ConsumerResearch， 2012， 38（5）：775–790.

[12] 康友敏，段相林．动物听觉器官的进化 [R]．生物学通报，2002，37（12）：12.

[13] 冬雪．耳朵与听觉的进化 [R]. 初中生学习，2014，（1）

[14] [英国]特雷弗·考克斯．声音的奇境 [M]. 北京：新世界出版社，2015.84-85.

[15] [英国]特雷弗·考克斯．声音的奇境 [M]. 北京：新世界出版社，2015.4.

[16] [英国]特雷弗·考克斯．声音的奇境 [M]. 北京：新世界出版社，2015.3.

[17] [美国]阿瑞娜·克里希纳．感官营销力 [M]. 上海：人民出版社，2016.62-65.

[18] Schaal B "Olfaction in infants and children: Developmental and functional perspectives"[J]. Chemical Sensens， 1988(59): 145-190

[19] Doty， Richard L， Applebam， Steven， Zusho， Hiroyuki， Settle， R Gregg. Sex differences in odor identification ablity: A cross-cultural analysis[J]. Neuropsychologia， 19

[20] Tim Jacob.The science of taste and smell.Art and Sense， 199

[21] Ehrlichman H, Halpern J N. Affect and memory: Effects of pleasant and unpleasant odors on retrieval of happy and unhappy memories.[J]. Journal of Personality & Social Psychology, 1988, 55(5):769.

[22] Lehrner, J., Eckersberger, C., Walla, P., Pötsch, G., & Deecke,L. (2000). Ambient odor of orange in a dental office reduces anxiety and improves mood in female patients. Physiology & Behavior, 71, 83–86.

[23] Chebat, J. C., & Michon, R. (2003). Impact of ambient odors on mall shoppers' emotions, cognition, and spending: A test of competitive causal theories. Journal of Business Research, 56, 529–539.

[24] Seubert, J., Rea, A. F., Loughead, J., & Habel, U. (2009).Mood induction with olfactory stimuli reveals differential affective responses in males and females. Chemical Senses, 34, 77–84.

[25] Zald, D. H., Donndelinger, M. J., & Pardo, J. V. (1998).Elucidating dynamic brain interactionswith across-subjects correlational analyses of positron emission tomographic data: The functionalconnectivity of the amygdala and orbitofrontal cortex during olfactory tasks. Journal of Cerebral Blood Flow and Metabdism, 18, 896–905.

[26] Royet, J. P., Plailly, J., Delon-Martin, C., Kareken, D. A., &Segebarthb, C. (2003). fMRI of emotional responses to odors: Influence of hedonic valence and judgment, handedness, and gender. NeuroImage, 20, 713–728.

[27] Alaoui-Ismaïli, O., Robin, O., Rada, H., Dittmar, A., & Vernet-Maury, E. (1997). Basic emotionsevoked by odorants: Comparison between autonomic responses and self-evaluation. Physiology & Behavior, 62, 713–720.

[28] Vernet-Maury, E., Alaoui-Ismaïli, O., Dittmar, A., Delhomme, G.,& Chanel, J. (1999). Basic emotions induced by odorants: A new approach based on autonomic pattern results. Journal of the Autonomic Nervous System, 75, 176–183.

[29] 周胄．香典．重庆：重庆出版社 ,2010.1

[30] Savic, I., Berglund, H., & Lindström, P. (2005). Brainresponse to putative pheromones in homosexual men. Proceedings of the National Academy of Sciences, 102, 7356–7361.

[31] Jacob, S., Kinnunen, L. H., Metz, J., Cooper, M.,&McClintock, M. K. (2001). Sustained human chemosignal unconsciously alters brain function. NeuroReport, 12, 2391–2394.

[32] [瑞典] 贝蒂尔·霍特，尼可拉斯·布劳依斯，马库斯·范迪．感官营销 [R]. 上海：格致出版社，2014.

[33] Belke B,Leder H.,Strobach,T.,&Carbon,C.C. Cognitive fluency: High-level processing dynamics in art appreciation[J].Psychology of Aesthetics,Creativity and the Arts, 2010:4 (4),214–222.

[34] Cacioppo,.T.,Crites,S.L.,Gardner,W.L.,&Berntson,G.G.Bioelectrical echoes from evaluative categorizations: I.A late positive brain potential that varies as a function of trait negativity and extremity[J].Journal of Personality and Social Psychology,1994: 67,115-125.

[35] Chatterjee Anjan. The Aesthetic Brain: How We Evolved to Desire Beauty and Enjoy Art[M]. New York: Oxford University Press, 2014.

[36] Damasio, A.R. .Looking for Spinoza: Joy, Sorrow and the Feeling Brain[M].Orlando: Harcourt. 2003.

[37] Freedberg,D.,&Gallese,V.Motion,emotion and empathy in esthetic experience[J].Trends in Cognition Science,2007:11, 197–203.

[38] George David Birkhoff.Aesthetic Measure[M].Cambridge: Harvard University Press,1933

[39] Ishizu,.T., S.Zeki. Toward a Brain-Based Theory of Beauty[J]. Plos One 6.7 ,2011:1-10.

[40] Jacobsen,T.Individual and group modelling of aesthetic judgment strategies[J].British Journal of Psychology, 2004:95,41–56.

[41] Kirk,U.,Skov,M.,Christensen,M.S.,&Nygaard,N. Brain correlates of aesthetic expertis:A parametric fMRI study[J].Brain and Cognition, 2009:69,306-315.

[42] Livingstone M S. Vision and Art:The Biology of Seeing.New York:Harry N.Abrams Inc, 2002.

[43] McManus,I.C.,Cook,R.,&Hunt,A.Beyond the golden section and normative aesthetics:Why do individuals differ so much in their aesthetic preferences for rectangles[J]. Psychology of Aesthetics, Creativity and the Arts,2010:4(2),113–126.

[44] Vartanian,.O.,&Goel,.V..Emotion pathways in the brain mediate aesthetic preference[J]. Bulletin of Psychology and the Arts,2004:5,37–42.

[45] Ziki S. Inner Vision:An Exploration of Art and the Brain[M].New York: Oxford University Press,1999.

后记
Postscript

脑内小宇宙

我从小就是一个充满各种古怪想法的淘气鬼。5岁那年，我有一次独自拎着篮子去亭子间拿牛奶，在穿过蜿蜒的弄堂时，一个念头突然冒了出来："我是谁？我为什么会在这里？"这个念头就像闪电一样击中了我，让我脑袋发懵，我呆呆地站在原地好久，不安的感觉传遍了全身，这种感觉到现在都记忆犹新。我想大部分人可能在人生的某个时刻都会想到类似的问题，而对于自身未知的不安驱使着我们通过各种方式了解我们人类自己。这可能也是为什么大众热衷于各种星座、塔罗牌和心理测试的原因。人类自身确实非常复杂，随着医学的发展，我们对于人体的物理结构已经掌握得非常全面，然而在人类认知和意识的研究上似乎就不是那么一回事了。

这一团果冻般的3斤左右的器官存在太多的未解之谜，记得小时候在看《圣斗士星矢》的时候，主人公经常说要爆发自己的小宇宙，现在看来这个比喻非常妥帖，因为我们的大脑就像一个小宇宙。大脑的表面充满了沟壑，如果展开来看，有点像月球的表面；神经元如同空中星辰，各自独立却又团结合作地处理着各种外界信息，满足人体内部的运作需求；而脑中释放的各种递质则像看不见摸不着的磁场，无形中传递着重要的信息。大脑的复杂程度超出我们的想象，而我们对于大脑宇宙的探索尚处在初级阶段。

每一个看过太空照片的人无不感受到宇宙的浩瀚和人类的渺小，正是对于宇宙的敬畏之心激励着我们不断进行太空探险，而每次探索也总有非常惊人的收获。然而，对于宇宙知识积累得越多，人们愈发感觉宇宙的陌生和自己的无知。我们对于大脑的探索其实也一样。从 20 世纪开始，各国纷纷启动脑计划，大批的科学家遨游在大脑宇宙中，试图弄清各种认知加工机制，期间得到的各种成果也被广泛应用于各个领域，从受到神经结构启发而开发的神经网络算法，到现在的人脸识别和语音识别系统的开发，这些应用或多或少都受到人类大脑认知机制的启发。大脑内蕴含着无数知识宝藏，吸引着一批又一批科学家投身其中。借助当今的各种技术手段我们得以一窥脑内宇宙的奥秘。然而，人脑中诸如情绪、记忆、学习、注意、语言、社会认知等高级认知功能则仍待人们进一步研究。

神经认知科学发展的时间并不长，但是却在学科交叉中起到了积极的作用。本书尝试从神经认知与审美的角度重新反观设计，为神经科学和设计及艺术学科的交叉起到抛转引玉的作用。

在此，要感谢上海视觉艺术学院的校领导和科研处给予的支持和鼓励；感谢工程技术大学朱文老师撰写认知神经机制的内容；感谢华山医院神经科陈丽老师的专业建议和校稿；感谢编辑谢未和美编赵燕的鼓励和帮助；感谢陈雯青、高晓玥和茅玉敏为我收集的各种资料；最后要感谢支持我的家人和孩子，让我能有大把的时间沉浸在自己的小宇宙中，并在我陷入写作困境的时候给我“换换脑子”，让我重拾写作的勇气。

邵家瑜

上海视觉艺术学院

2019年12月